21 世纪高等职业教育计算机系列规划教材

U0128991

Windows Server 2008

系统管理与维护项目教程

成奋华　主　编

谭林海　副主编

电子工业出版社

Publishing House of Electronics Industry

北京·BEIJING

内 容 简 介

Windows Server 2008 是微软推出的网络服务器利器。它具有更好的控制性、增强的保护性及更高的灵活性。

本书根据真实项目——长科集团网络服务器需求，由现场工程师和教学专家共同分析、设计，确定由 12 个项目实现。本书图文并茂，操作过程完整清晰，配以大量演示图例，全面介绍了 Windows Server 2008 网络中各种服务器的搭建和管理方法。全书分为安装部署 Windows Server 2008、配置 Windows Server 2008、Windows Server 2008 监控与委派、Windows Server 2008 备份与恢复、配置 Windows Server 2008 高级防火墙、安装与配置终端服务、安装与配置 DNS 服务、配置与管理 Web 服务、配置与管理证书服务配置与实现活动目录、配置远程访问和网络访问保护、安装与配置 Hyper-V12 个项目，每个项目由若干任务组成，每个项目按"项目情景、项目任务、技术要点、任务实现、测试验证、应用场景"的结构组织，有利于教学和学习使用。

本书面向广大初/中级网络技术人员、网络管理和维护人员、网络系统集成人员，可作为高等院校相关专业和技术培训班的教学用书，同时也可以作为 MCITP 认证考试的参考用书。

图书在版编目（CIP）数据

Windows Server 2008 系统管理与维护项目教程 / 成奋华主编. —北京：电子工业出版社，2010.12
（21 世纪高等职业教育计算机系列规划教材）
ISBN 978-7-121-12165-4

Ⅰ. ①W… Ⅱ. ①成… Ⅲ. ①服务器—操作系统（软件），Windows Server 2008—高等学校：技术学校—教材
Ⅳ. ①TP316.86

中国版本图书馆 CIP 数据核字（2010）第 213702 号

策划编辑：徐建军

责任编辑：徐建军　　　特约编辑：钟永刚

印　　刷：
　　　　　北京京师印务有限公司
装　　订：

出版发行：电子工业出版社
　　　　　北京市海淀区万寿路 173 信箱　邮编　100036

开　　本：787×1 092　1/16　印张：16.75　字数：428.8 千字

印　　次：2010 年 12 月第 1 次印刷

印　　数：4 000 册　　定价：30.00 元

前　言

Windows Server 2008 用于在虚拟化工作负载、支持应用程序和保护网络方面向组织提供最高效的平台。它为开发和可靠地承载 Web 应用程序和服务提供了一个安全、易于管理的平台。从工作组到数据中心，Windows Server 2008 都提供了令人兴奋且很有价值的新功能，对基本操作系统做出了重大改进。

（1）更强的控制能力

Windows Server 2008 有增强的脚本编写功能和任务自动化功能（如 Windows Power Shell），能够更好地控制服务器和网络基础结构。通过服务器管理器进行的基于角色安装和管理简化了在企业中管理与保护多个服务器角色的任务。服务器管理器控制台集中管理服务器的配置和系统信息。增强的系统管理工具（例如，性能和可靠性监视器）提供有关系统的信息，在发生潜在问题之前发出警告。

（2）更强的保护

Windows Server 2008 提供了一系列新的和改进的安全技术，这些技术增强了对操作系统的保护。它提供了减小内核攻击面的安全创新（如 Patch Guard），使服务器环境更安全、更稳定。通过保护关键 Windows 的服务使之免受文件系统、注册表或网络中异常活动的影响，Windows 服务强化有助于提高系统的安全性。借助网络访问保护（NAP）、只读域控制器（RODC）、公钥基础结构（PKI）增强功能、Windows 服务强化、新的双向 Windows 防火墙和新一代加密支持，系统中的安全性也得到了增强。

（3）更大的灵活性

Windows Server 2008 允许管理员修改其基础结构来适应不断变化的业务需求，同时保持了此操作的灵活性。它允许用户从远程位置（如远程应用程序和终端服务网关）执行程序，这一技术为移动工作人员增强了灵活性。它使用 Windows 部署服务（WDS）加速对操作系统的部署和维护，使用 Windows Server 虚拟化（Hyper-V）帮助合并服务器。对于需要在分支机构中使用域控制器的组织，它提供一个新配置选项（只读域控制器（RODC）），可以防止在域控制器出现安全问题时暴露用户账户。

本书根据真实项目长科集团网络服务器的需求，由现场工程师和教学专家共同分析、设计，确定由 12 个项目实现，每个项目由若干任务实现。每个项目按"项目情景、项目任务、技术要点、任务实现、验证测试、应用场景"的结构组织内容，有利于教学和学习使用。

本书作为教学用书时的学时参考如下。

序　号	名　称	学　时
项目 1	安装部署 Windows Server 2008	4
项目 2	配置 Windows Server 2008	8
项目 3	监控委派 Windows Server 2008	4
项目 4	Windows Server 2008 备份与恢复	4
项目 5	配置 Windows Server 2008 高级防火墙	4
项目 6	安装与配置终端服务	4
项目 7	安装与配置 DNS 服务	4

序 号	名 称	学 时
项目 8	配置与管理 Web 服务器	4
项目 9	配置与实现活动目录	12
项目 10	配置与管理证书服务	4
项目 11	配置远程访问和网络访问保护	8
项目 12	安装与配置 Hyper-V	4
附录 A	长科集团网络服务器项目需求	
合 计		64

　　本书由湖南开源科技有限公司全程提供技术支持，由湖南开源科技有限公司刘洪编写附录 A，湖南工程职业技术学院刘桂林编写项目 1，湖南省商业职业中等专业学校杨戈编写项目 2，江永县职业中专学校欧俊清编写项目 3，郴州市第一职业中等专业学校李高峰编写项目 4，长沙民政职业技术学院邱春荣编写项目 5，湖南省经济贸易职业中专学校张响编写项目 6，湖南科技职业学院谭林海编写项目 7 和项目 8，衡阳技师学院罗恒辉编写项目 9，长沙市财经职业中专汪炬编写项目 10，湖南科技职业学院成奋华编写项目 11 并负责全书统稿、审稿工作，湖南科技职业学院王湘渝编写项目 12，湖南科技职业学院胡卿协助完成了编辑、统稿等大量工作，在本书编写过程中得到了湖南开源科技有限公司总经理潘晓霞副教授和所在学院领导、同事、朋友、家人的大力支持，在此深表谢意。

　　教学说明：服务器名为 WIN2008，IP 地址为 192.168.1.1，项目 11 除外。所有操作实现基本上都在服务器管理器中完成。

　　为了方便教师教学，本书配有电子教学课件，请有此需要的教师登录华信教育资源网（www.hxedu.com.cn）免费注册后进行下载，如有问题可在网站留言板留言或与电子工业出版社联系（E-mail:hxedu@phei.com.cn），也可以与作者联系（E-mail：cfh898@163.com）。

　　由于对项目式教学法正处于经验积累和改进过程中，同时，由于编者水平有限和时间仓促，书中难免存在疏漏和不足，希望同行专家和读者能给予批评和指正。

编 者

目　录

项目 1　安装部署 Windows Server 2008

【项目情景】

随着 CTG 集团公司公司业务的不断增长、规模的不断扩大，公司总部需要新增 2 台服务器，并安装 Windows Server 2008 企业版平台，作为活动目录服务的域控制器，见附录 A-1 图。集团 IT 中心系统管理员承担了 Windows Server 2008 的安装和自动化服务器的部署工作。

任务：安装 Windows Server 2008

【项目任务】

安装 Windows Server 2008。

【技术要点】

1. 安装技术

（1）Windows Server 2008 的最低硬件配置（见表 1-1）。

表 1-1　Windows Server 2008 的最低硬件配置

硬 件 组 件	最 低 配 置	建 议 配 置
处理器	1GHz(x86)，1.4Hz(x64)	2GHz 或更快
内存	512MB	2GB
硬盘	15GB	40GB

（2）Windows Server 2008 最高支持的硬件随着不同版本而变。

对处理器速度或硬盘空间没有上限，但每个版本最大支持的内存容量及在对称多处理（Symmetric Multi-processing，SMP）配置下可以部署的最大处理器数不相同。一般而言，Windows Server 2008 的某个特定版本的 x64 版本比相应的 x86 版本支持更多的内存。

① Windows Server 2008 Standard Edition。

其目标用户是中小型企业。

◇ 32 位版本（x86）最多支持 4GB 内存，在 SMP 配置下最多支持 4 个处理器。

◇ 64 位版本（x64）最多支持 32GB 内存，在 SMP 配置下最多支持 4 个处理器。

◇ 支持网络负载平衡（Network Load Balancing）群集，不支持故障转移群集。

规划服务器的部署时，为了满足域控制器、文件和打印服务器、DNS 服务器、DHCP 服务器和应用程序服务器的作用，可选择 Windows Server 2008 Standard Edition 。

② Windows Server 2008 Enterprise Edition。

其目标用户是大型企业。

◇ 故障转移群集，指在原始服务器发生故障时允许另一个服务器继续为客户请求提供服务技术。其部署在关键任务服务器上，以保证重要资源在一个服务器发生故障时也可以使用。

◈ Active Directory 联合身份验证服务（Active Directory Federation Services，ADFS）支持联合身份验证，通常被那些有很多需要访问本地资源的组织使用。

◈ 32 位（x86）版本在 SMP 配置下支持最大 64GB 内存和 8 个处理器。

◈ 64 位（x64）版本在 SMP 配置下支持最大 2TB 内存和 8 个处理器。

规划服务器部署时，可能需要一起使用企业版和标准版。标准版满足组织的大多数需求，只有在服务器需要满足特殊需求时（如需要使用故障转移群集技术或者需要额外的处理能力或内存容量）才部署企业版。

③ Windows Server 2008 Datacenter Edition。

其目标用户是超大规模的企业。

◈ 32 位（x86）版本在 SMP 配置下支持最大 64GB 内存和 32 个处理器。

◈ 64 位（x64）版本在 SMP 配置下支持最大 2TB 内存和 64 个处理器。

◈ 支持故障转移群集和 ADFS。

◈ 无限制的虚拟映像使用权。

规划服务器部署时，如果需要允许无限制地使用虚拟映像或者需要相当大的硬件容量，则数据中心版是最佳选择。

④ Windows Web Server 2008。

其专为 Web 应用程序服务器而设计。

◈ 32 位（x86）版本在 SMP 配置下支持最大 4GB 内存和 4 个处理器。

◈ 64 位（x64）版本在 SMP 配置下支持最大 32GB 内存和 4 个处理器。

◈ 支持网络负载平衡群集。

在"服务器核心"配置中应计划部署 Windows Web Server 2008，使攻击面最小，这对于一个要与网络环境外部的主机进行交互的服务器是非常重要的。

⑤ Windows Server 2008 for Itanium-Based Systems。

该版本是专为 Intel Itanium 64 位处理器架构设计的，该架构不同于 Intel Core 2 Duo 或 AMD Turion 系列处理器芯片中存在的 x64 架构。这时 Windows Server 2008 可以安装到一台基于 Itanium-Based System，既提供应用程序服务器功能，又提供 Web 服务器功能。其他服务器工具（如虚拟化和 Windows 部署服务）不可用。其最多支持 SMP 配置下的 64 个处理器和 2TB 内存。

⑥ Windows Server 2008 Server Core Edition。

服务器核心是 Windows Server 2008 的某个版本的精简版。"服务器核心"不提供完整的桌面，而是通过命令外壳管理 Windows Server 2008。通过 Microsoft 管理控制台（MMC）进行连接，可以远程管理一台运行"服务器核心"的计算机，还可以与运行"服务器核心"的计算机建立远程桌面协议（RDP）会话，尽管执行管理职责将需要使用 Command Shell，但使用 Windows Server 2008 的"服务器核心"版本有以下两大好处。

◈ 攻击面减少，由于安装的组件更少，因而企图危及计算机安全的人可以攻击的组件数减少了。

◈ 硬件需求更低，Windows Server 2008 的"服务器核心"版本被除去了许多功能，所以可以在一台运行完全安装时出现性能瓶颈问题的计算机上运行"服务器核心"版本。

（3）从 Windows Server 2003 升级。

从 Windows Server 2003 升级到 Windows Server 2008 支持以下几种情况（见表 1-2）。

表 1-2 Windows Server 2008 升级路径

Windows Server 2003 的各个版本	升 级 路 径
Windows Server 2003 Standard Edition	Windows Server 2008 Standard Edition
	Windows Server 2008 Enterprise Edition
Windows Server 2003 Enterprise Edition	Windows Server 2008 Enterprise Edition
Windows Server 2003 Datacenter Edition	Windows Server 2008 Datacenter Edition
Windows Server 2003 Web Edition	Windows Web Server 2008
Windows Server 2003 for Itanium Enterprise Edition	Windows Server 2008 for Itanium-Based　Systems

升级到不同的处理器架构是不行的。例如，将服务器从 32 位版本的 Windows Server 2003 升级到 64 位版本的 Windows Server 2008 是不行的，尽管硬件支持这种升级。

（4）BitLocker 部署规划。

BitLocker 驱动器加密是 Windows Vista Enterprise 和 Uitimate 版本中首次推出的，Windows Server 2008 所有版本中都可以使用。BitLocker 具有两大作用：通过完全的卷加密保护服务器数据，提供完整性检查机制，以保证引导环境没有被窜改。

对整个操作系统和数据卷进行加密，不仅意味着操作系统和数据受到保护，而且分页文件、应用程序和应用程序配置数据也受到保护。如果服务器被偷或者硬盘被第三方拆走，BitLocker 确保这些第三方不能恢复任何有用的数据。使用 BitLocker 的缺点是，如果服务器的 BitLocker 密钥丢失了，并且引导环境被破坏，则服务器上存储的数据将无法恢复。

为了支持完整性检查，BitLocker 要求计算机有一块芯片能够达到支持 TPM（Trusted Platform Module，可信平台模块）1.2 或之后的标准。则 BitLocker 保护的启动组件包括 BIOS、主引导记录、引导扇区、引导管理器和 Windows 装载程序。

从系统角度看，在可能改变这些组件的维护期间禁用 BitLocker 是重要的。例如，在 BIOS 升级时必须禁用 BitLocker。如果不禁用，则计算机下一次启动时，BitLocker 将锁定卷，你将需要启动恢复过程。恢复过程要输入一个 48 字符的密码，该密码在运行 BitLocker 安装向导时生成，并被保存到指定位置。密码应妥善保管，没有它就不能完成恢复过程。也可以对 BitLocker 进行配置，将恢复数据直接保存到 Active Directory。

没有 TPM 芯片也可以实现 BitLocker。这样实现 BitLocker 时，不会启动完整性检查。密钥存储在一个可移动的 USB 存储设备上，计算机每次启动时，该存储设备必须插在计算机上，并且受计算机 BIOS 支持。在计算机成功启动之后，可以拿走该 USB 存储设备，应该把它保存到一个安全的地方。配置 Windows Server 2008 计算机，以便将可移动的 USB 存储设备作为 BitLocker 启动密钥。

注意： 并非有 BitLocker 即可确保企业数据的安全性，并非只要加密服务器的硬盘驱动就可以了，应确保备份磁带保存安全。虽然 BitLocker 加密的驱动器上存储的数据被编码了，但是备份磁带上的数据通常没有被加密。如果所有的备份磁带都存放在服务器房间的架子上，则实现 BitLocker 就毫无意义了。

① BitLocker 组策略。

BitLocker 组策略位于 Windows Server 2008 组策略对象的"计算机配置"→"策略"→"管理模板"→"Windows 组件"→"BitLocker 驱动器加密"节点下。

包括以下内容。

◈ 启动到 Active Directory 域服务器的 BitLocker 备份：启动该策略时，计算机的恢复密钥存储在 Active Directory 中，并可以由授权的管理员恢复。

◈ 控制面板设置恢复文件夹：该策略启用时，设置默认的文件夹为存储计算机恢复密钥的文件夹。

◈ 控制面板设置配置恢复选项：可以用来禁用恢复密码和恢复密钥，如果恢复密码和恢复密钥都被禁用，则将恢复密钥备份到 Active Dircetory 的策略也要被禁用。

◈ 配置加密方法：该策略允许管理员用来保护硬盘驱动器的 AES 加密方法的属性。

◈ 禁止在重新启动时覆盖内存：该策略加快启动速度，但增加了暴露 Bitlocker 机密的危险。

◈ 配置 TPM 平台验证配置文件：该策略配置 TPM 安全硬件如何保护 Bitlocker 加密密钥。

② 加密文件系统与 BitLocker。

加密文件系统（Encrypting File System，EFS）与 BitLocker 都实现了加密，但有很大区别。EFS 用来加密单个的文件和文件夹，且可以为不同的用户对这些项目进行加密。BitLocker 加密整个硬盘驱动器。具有合法身份的用户可以登录到一个受 BitLocker 保护的文件服务器上，并能阅读有权限阅读的任何文件。但该用户将不能阅读已经为其他用户进行 EFS 加密的文件，因为要阅读 EFS 加密的文件必须具有合适的数字证书。EFS 允许组织保护重要的共享数据不让支持人员看到，这些支持人员可以改变文件和文件夹的访问权限，但是不应该能够查阅文件本身的内容。BitLocker 提供了一种透明的加密方式，只有在服务器被破坏时才能看到。EFS 提供一种不透明的加密方式——文件的内容对加密它们的人可见，但对任何他人都不可见，而不管设置了怎样的文件和文件夹访问权限。

2．部署技术

（1）Windows Server 2008 应答文件。

应答文件设置特定的安装选项，诸如如何对硬盘进行分区，要被安装 Windows Server 2008 映像的位置和产品密钥等。Windows Server 2008 应答文件通常被称为 utounattended.xml。在安装过程中试图启动无人参与安装时，操作系统安装进程将自动搜寻该文件名。与以往版本不同的是，Windows Server 2008 应答文件使用 XML 格式。管理员几乎总是使用 Windows 系统映像管理器（Windows SIM）工具来创建应答文件。Windows 自动安装工具包（Windows AIK 或 WAIK）带有 Windows SIM 工具。虽然用本文编辑器可以创建应答文件，但是无人参与安装文件，复杂的 XML 语法使 Windows AIK 工具更有效率。

（2）Windows 部署服务。

Windows 部署服务（WDS）是一个可以添加到 Windows Server 2008 计算机上的角色，支持远程部署 Windows Server 2008 和 Windows Vista。WDS 要求客户端计算机有一块 PXE 兼容的网卡。如果客户机没有 PXE 兼容的网卡，就要使用其他方法（如使用 Windows PE 的网络安装）来执行网络安装。有 PXE 兼容网卡的计算机启动时该过程起作用，然后找到 WDS 服务器。如果客户端被授权，并且配置了多播传输（多播通过网络发送一次就把操作系统映像发送到多个安装客户端），则客户端将自动开始安装过程。单播传输在涉及多个客户时的效率较低，并在一开始安装操作系统映像时就被启用。如果 aotounattended.xml 应答文件没有被安装到 WDS 服务器上，安装过程将正常进行，要求管理员输入相应信息。基于 WDS 的安装与正常安装之间的区别是，安装由服务器启动而不是位于 DVD 驱动器中的媒体启动。

Windows 部署服务安装需要满足以下条件：

◈　部署了 WDS 的计算机是 Active Directory 域的成员，有 DNS 服务器。

◈　网络上有一个授权的 DHCP 服务器。

◈　一个可用于存储操作系统映像的 NTFS 分区。

WDS 不能部署到运行 Windows Server 2008 的"服务器核心"版本的计算机上。安装了"Windows 部署服务"以后，需要对它进行配置，然后才能激活它。

在 WDS 服务器上运行了 DHCP 服务器，则必须对 WDS 进行配置，使它不侦听端口 67，以免 WDS 和 DHCP 发生冲突。配置 WDS 服务器以添加选项标记#60 也是很重要的，使得 PXE 客户能够检测到 WDS 服务器的存在。

① Windows 部署服务映像。

Windows 部署服务使用两种不同类型的映像：安装映像和启动映像。

◈　安装映像是将被部署到 Windows Server 2008 或 Windows Vista 客户端计算机上的操作系统映像，默认的安装映像位于 Windows Vista 和 Windows Server 2008 安装盘的 \Sources 目录中。如果使用 WDS 将 Windows Server 2008 部署到具有不同处理器体系结构的计算机上，将需要为每种体系结构添加独立的安装映像到 WDS 服务器。特定体系结构的映像可以在特定体系结构的安装媒体上找到。虽然可以创建自定义的映像，但每个处理器体系结构只需有一个映像。

◈　启动映像用来在安装操作系统映像之前启动一台客户端计算机。当计算机通过网络用一个启动映像启动时将出现一个菜单，显示可以从 WDS 服务器部署到该计算机的映像。Windows Server 2008 boot.wim 文件支持高级部署选项。应当使用该文件，而不用 Windows Vista 安装盘上的 boot.wim 文件。

除了基本的启动映像外，WDS 可以使用的两种不同类型的附加启动映像。

◈　捕获映像是启动 WDS 捕获实用程序的启动映像。该实用程序和使用 sysprep 实用程序准备的参考计算机一起使用，作为一种捕获参考计算机的映像以便用 WDS 进行部署的方法。

◈　发现映像用来将映像部署到未启用 PXE 的计算机或不允许 PXE 的网络上的计算机。这些映像被写入 CD、DVD 或 USB 存储中，计算机是从这些媒体启动的，而不是通过 PXE 网卡启动的，这是 WDS 的传统用法。

② WDS 产品激活。

虽然不需要在实际安装过程中激活产品，但是使用 WDS 来自动部署的管理员应考虑使用 Volume Activation 进行自动激活。Volume Activation 为管理员提供了一种简单的集中激活方法，用于大量已部署的服务器。Volume Activation 允许使用两种密钥和三种激活方法。这两种密钥是多次激活密钥（Multiple Activation Key，MAK）和密钥管理服务（Key Management Service，KMS）密钥。

◈　多次激活密钥允许激活一定数量的计算机。每次成功的激活都将消耗激活池。例如，一个具有 100 次激活的 MAK 密钥允许激活 100 台计算机。多次激活密钥可以使用 MAK 代理激活（MAK Proxy Activation）和 MAK 独立激活（MAK Independen Activation）方法。MAK 代理激活法使用一个代表多个产品的集中激活请求，只需要使用到 Microsoft 的激活服务器的一个单独连接。MAK 独立激活要求每台计算机各自根据 Microsoft 的激活服务器进行激活。

◆ 密钥管理服务密钥适合于激活托管环境中的计算机，不需要各计算机独立连接到 Microsoft 的激活服务器。KMS 密钥启用一个服务器上的密钥管理服务，而托管环境中计算机连接到该 KMS 主机执行激活。使用 KMS 的组织应部署两个 KMS 服务器，其中一个将作为备份主机以确保冗余。KMS 激活要求至少连接 25 台计算机，并且每隔 180 天必须连接到 KMS 服务器进行续订。

可以联合使用 KMS 和 MAK。计算机数量、连接到网络的频度，以及是否接入 Internet 决定了应部署哪种方案。如果有大量的计算机超过 180 天没有连接到网络，则应部署 MAK。如果没有接入 Internet 并且超过 25 台计算机，则应部署 KMS。如果没有接入 Internet 并且少于 25 台计算机，则需要使用 MAK 并通过电话激活每个系统。

【任务实现】

1. 选择合适的 Windows Server 2008 版本

CTG 公司的系统管理员根据公司服务器的任务需求，选择 Windows Server 2008 Enterprise 作为服务器的操作系统。

2. 安装 Windows Server 2008 Enterprise

Windows Server 2008 提供了 3 种安装方法：

◆ 用安装光盘引导启动安装；
◆ 从现有操作系统上全新安装；
◆ 从现有操作系统上升级安装。

CTG 公司的系统管理员选择"用安装光盘引导启动安装"方式。

（1）首先，开机进入"BIOS 配置设定"将光盘驱动器调整成启动第一顺位，然后保存。装载 Windows Server 2008 的安装光盘，先读取系统文件，启动安装程序，在安装界面选择要安装的语言类型，同时选择适合自己的时间和货币格式及键盘和输入方法（见图 1-1）。

图 1-1 安装 Windows Server 2008

（2）单击【下一步】按钮，出现安装界面，如图 1-2 所示。

图 1-2 安装界面

（3）单击【现在安装】按钮，在安装界面中选择所需安装的操作系统版本，如图 1-3 所示。

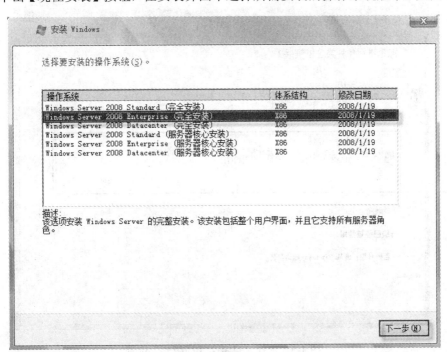

图 1-3 选择安装的操作系统版本

（4）单击【下一步】按钮，首先阅读安装条款，再选择"我接受许可条款"复选框，如图 1-4 所示。

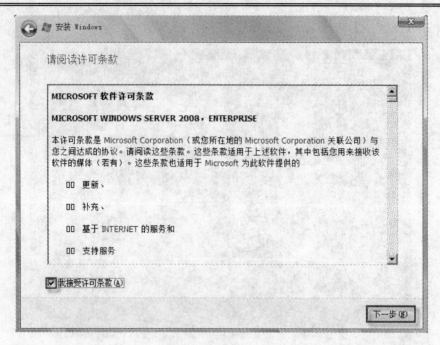

图 1-4　选择"我接受许可条款"复选框

（5）单击【下一步】按钮，选择"自定义（高级）"选项，如图 1-5 所示。

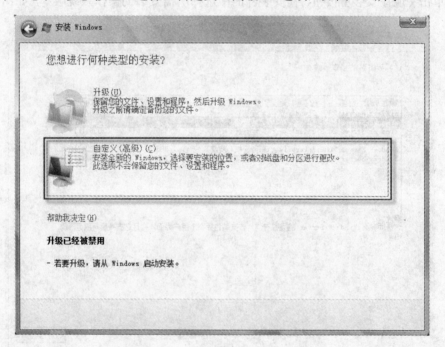

图 1-5　选择"自定义（高级）"选项

（6）单击"自定义（高级）"选项，选择"安装系统的磁盘"，如图 1-6 所示。安装有操作系统及其支持的分区叫引导分区，包含引导文件的分区称为系统分区。

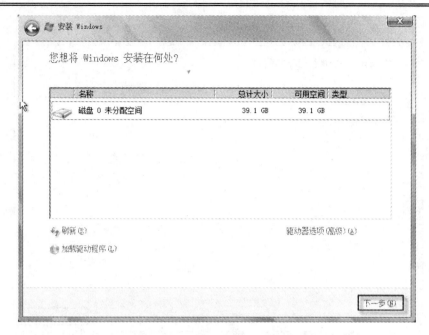

图 1-6　选择安装系统的磁盘

（7）单击【下一步】按钮，系统正在进行安装，如图 1-7 所示。

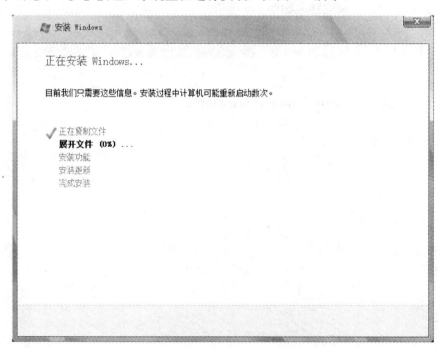

图 1-7　正在安装 Windows Server 2008

（8）安装阶段性完成，需进行重新启动，如图 1-8 所示。

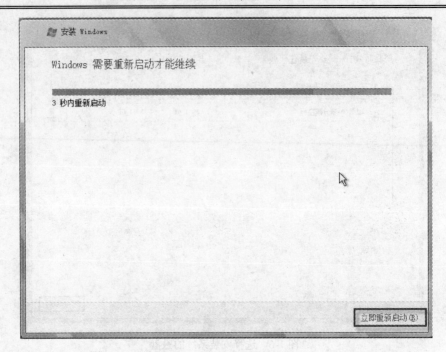

图 1-8　重新启动计算机

（9）重新启动后，完成安装，如图 1-9 所示。

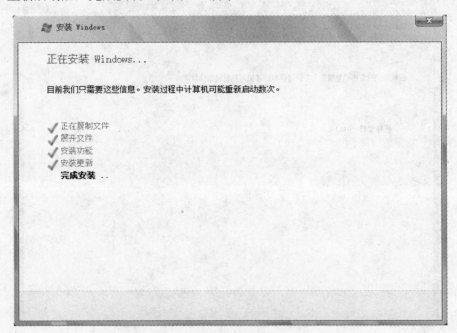

图 1-9　完成安装

（10）第一次登录 Windows Server 2008 之前需更改用户密码，如图 1-10 所示。输入新密码后，按回车键进入 Windows Server 2008 界面。

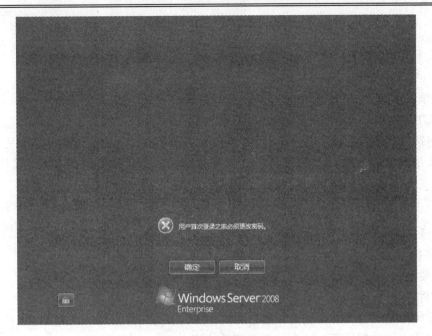

图 1-10　更改用户密码

项目 2　配置 Windows Server 2008

【项目情景】

作为 CTG 集团公司的系统管理员，因为公司服务器系统升级，需要重新配置服务器的各项服务，包括管理磁盘、管理用户和组、共享存储与脱机访问、磁盘配额、打印及分布式文件系统等，实现文件的存储、共享、远程访问、访问权限、打印服务、集中管理等功能。

任务 1：管理磁盘

【项目任务】

管理磁盘。

【技术要点】

1. 文件系统

操作系统中负责管理和存储文件信息的软件机构称为文件管理系统，简称文件系统，它不仅包含着文件中的数据，而且还有文件系统的结构。

（1）Windows 文件系统目前最常见的有 FAT32 和 NTFS。

① FAT32

FAT（File Allocation Table，文件分配表）是微软发明的文件系统，是非 NT 内核的微软窗口使用的文件系统。FAT32 文件分配表簇标识扩充为 32 位。

优点：

◈ 具有强大的寻址能力，能比 FAT16 更有效地管理磁盘；

◈ 根目录下的文件数目不受最多 256 的限制；

◈ 引导记录扩展为包含重要数据结构的备份，因而分区不易受单点的错误影响；

◈ 支持长文件名格式。

缺点：

同样不支持系统容错特性和内部安全特性。

② NTFS

NTFS 是 Windows NT 及之后的 Windows 2000、Windows XP、Windows Server 2003、Windows Server 2008、Windows Vista 和 Windows 7 的标准文件系统。

NTFS 文件系统是一个基于安全性的文件系统，它是建立在保护文件和目录数据基础上，同时兼顾节省存储资源、减少磁盘占用量的一种先进的文件系统。

优点：

◈ 可靠性：恢复磁盘活动的日志记录，它允许 NTFS 在断电或发生其他系统问题时尽快恢复信息；

◈ 文件和文件夹级别的安全性：能够为文件和文件夹提供安全的访问控制；

◈ 提高了对存储的管理：更好的伸缩性使扩展大驱动器成为可能，支持磁盘配额；

◈ 用户所具有的权限可以合并。

（2）Linux 文件系统：Ext2 和 Ext3。

Linux 是一个性能稳定、功能强大、效率高的操作系统。它在功能特性方面与 UNIX 系统相似，同时又具有多任务、多用户、多平台等若干特性。

① Ext2

Ext2 是 GNU/Linux 系统中标准的文件系统，其特点是存取文件的性能极好，对于中小型的文件更显示出优势，这主要得益于其簇快取层的优良设计。

Linux 默认情况下使用的文件系统为 Ext2。Ext2 文件系统高效、稳定，弱点是 Ext2 为非日志文件系统，这在关键行业的应用是一个致命的弱点。

② Ext3

Ext3 文件系统是直接从 Ext2 文件系统发展而来的，Ext3 文件系统非常稳定可靠，它完全兼容 Ext2 文件系统，用户可以平滑地过渡到一个日志功能健全的文件系统中。特点有：

◈ 高可用性：系统使用了 Ext3 文件系统后，即使在非正常关机后，系统也不需要检查文件系统。发生死机后，恢复 Ext3 文件系统的时间只要数十秒钟。

◈ 数据的完整性：Ext3 文件系统能够极大地提高文件系统的完整性，避免了意外死机对文件系统的破坏。在保证数据完整性方面，Ext3 文件系统有两种模式可供选择。其中之一就是"同时保持文件系统及数据的一致性"模式。采用这种方式，不再会看到由于非正常关机而存储在磁盘上的垃圾文件。

◈ 文件系统的速度：尽管使用 Ext3 文件系统存储数据时可能要多次写数据，但是，从总体上看来，Ext3 比 Ext2 的性能还要好一些。这是因为 Ext3 的日志功能对磁盘的驱动器读写头进行了优化。所以，文件系统的读写性能较之 Ext2 文件系统来说，性能并没有降低。

◈ 数据转换：Ext2 文件系统转换成 Ext3 文件系统非常容易，用户不用花费时间备份、恢复、格式化分区等。用一个 Ext3 文件系统提供的小工具 tune2fs，便可以将 Ext2 文件系统轻松转换为 Ext3 日志文件系统。另外，Ext3 文件系统可以不经任何更改，而直接加载成为 Ext2 文件系统。

◈ 多种日志模式：Ext3 有多种日志模式，一种工作模式是对所有的文件数据及 metadata（定义文件系统中数据的数据，即数据的数据）进行日志记录（data=journal 模式）；另一种工作模式则是只对 metadata 记录日志，而不对数据进行日志记录，也即所谓的 data=ordered 或者 data=writeback 模式。

2．NTFS 权限

NTFS 权限分为标准 NTFS 权限和特殊 NTFS 权限两大类。

文件夹和文件的标准 NTFS 权限有所不同，它们各自拥有的可设置权限见表 2-1。

表 2-1 文件夹与文件权限

文件夹权限	文件权限
◈遍历文件夹/运行文件	◈写入属性
◈列出文件夹/读取数据	◈写入扩展属性
◈读取属性	◈删除子文件夹及文件
◈读取扩展属性	◈删除
◈创建文件/写入数据	◈读取权限
◈创建文件夹/附加数据	◈更改权限，取得所有权
	◈取得所有权

3. 磁盘管理

Windows Server 2008 的磁盘包含两类：基本磁盘（静态磁盘）和动态磁盘。基本磁盘和动态磁盘之间可以相互转换，但需考虑到数据丢失问题。

基本磁盘是包含主磁盘分区、扩展磁盘分区、逻辑驱动器的物理磁盘。基本磁盘使用独立的空间组织数据，最多只能有 4 个主分区或 3 个主分区和 1 个扩展分区。

动态磁盘是含有使用磁盘管理创建动态卷的物理磁盘。动态磁盘不能含有分区和逻辑驱动器，也不能使用 MS-DOS 访问。

动态磁盘的功能：

◆ 创建动态卷；

◆ 卷的数目不受限制；

◆ 卷可扩容；

◆ 能提高磁盘读写性能；

◆ 使用容错磁盘确保数据完整性。

可在动态磁盘上创建简单卷、跨区卷、带区卷、镜像卷和 RAID5 卷五种卷。

简单卷

◆ 类似基本磁盘的基本卷，在一个磁盘时只能创建简单卷；

◆ 简单卷无大小和数量的限制；

◆ 简单卷可以扩容；

◆ 简单卷可以被镜像。

跨区卷

◆ 建立跨区卷包含 2 至 32 块磁盘；

◆ 每个成员的空间大小不一；

◆ 数据按顺序写入各磁盘；

◆ 卷空间不够时可以扩展以包含其他的动态磁盘；

◆ 任何一块磁盘损坏将导致此卷不可读。

带区卷

◆ 建立带区卷包含 2 至 32 块磁盘；

◆ 每个成员大小相同；

◆ 支持同时在多个磁盘进行读写；

◆ 带区卷不能被扩展；

◆ 任何一块磁盘损坏将导致此卷不可读。

镜像卷

◆ 建立镜像卷至少需要两块相同磁盘；

◆ 镜像卷可以容错，磁盘空间利用率不高。

RAID5 卷

◆ 建立 RAID5 卷至少需要三块磁盘；

◆ RAID5 卷最多支持 32 个磁盘；

◆ 具有容错功能，能提高读写性能；

◆ 磁盘空间利用率不高。

【任务实现】

设置磁盘管理

1．格式化卷和分区卷

（1）执行"开始"→"管理工具"→"服务器管理器"→"存储"→"磁盘管理"命令，如图 2-1 所示，右击"磁盘 1 未分配区域"选项，在打开的快捷菜单中选择"新建简单卷"命令（见图 2-2），进行格式化。

图 2-1　选择"磁盘管理"　　　　　　　　图 2-2　新建简单卷

（2）同样还可以采用以下方法实现：执行"开始"→"管理工具"→"计算机管理"→"存储"→"磁盘管理"命令（见图 2-3）。

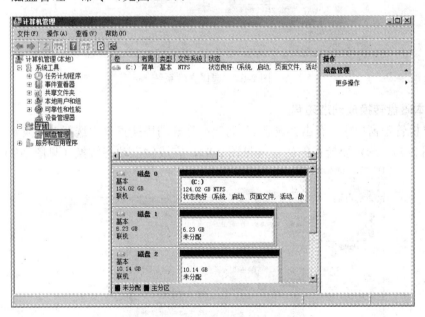

图 2-3　选择"磁盘管理"

（3）单击【下一步】按钮，指定卷大小（见图 2-4）。单击【下一步】按钮，分配驱动器号和路径（见图 2-5）。

（4）然后单击【下一步】按钮，选择文件系统为"NTFS"，输入卷标"系统"，选择"执行快速格式化"复选框（见图 2-6）。

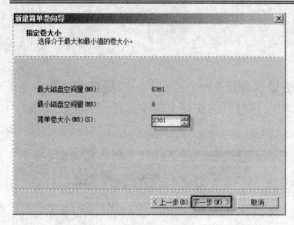

图 2-4　指定卷大小

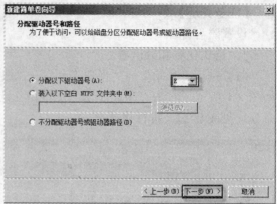

图 2-5　分配驱动器号和路径

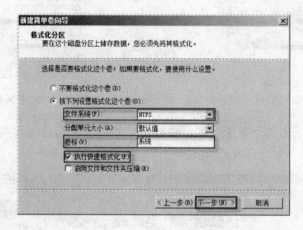

图 2-6　选择文件系统

2. 基本磁盘转换成动态磁盘

在计算机管理窗口中，右击"磁盘 1"选项在打开的快捷菜单中选择"转换到动态磁盘…"命令（见图 2-7），选定要转换的磁盘（见图 2-8），完成磁盘动态转换（见图 2-9）。

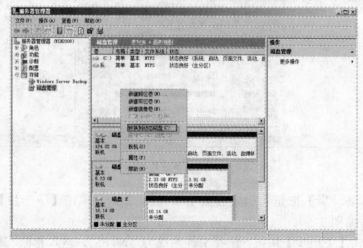

图 2-7　执行"转换到动态磁盘…"命令

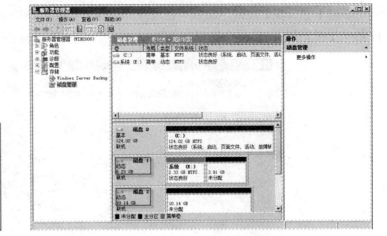

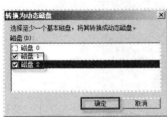

图 2-8 选定转换磁盘　　　　　　　图 2-9 完成磁盘动态转换

3. 在卷区中创建带区卷

在磁盘管理窗口中，右击"磁盘 1"选项，在打开的快捷菜单中选择"新建带区卷..."命令（见图 2-10），单击【下一步】按钮，选择磁盘 1、磁盘 2，并选择空间大小（见图 2-11）。

注意： 由于带区卷来自两个磁盘，卷大小总数是选择空间大小的 2 倍。

图 2-10 新建带区卷

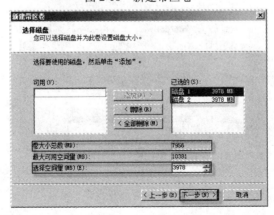

图 2-11 选择磁盘

单击【下一步】按钮，选中"装入以下空白 NTFS 文件夹中"单选按钮，再单击【浏览】按钮（见图 2-12），执行快速格式化操作。

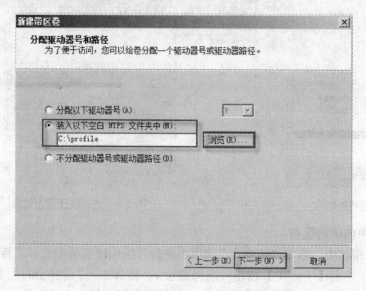

图 2-12　新建带区卷所在的位置

4. 扩展卷

在存储管理窗口中，右击"系统（E:）"，在打开的快捷菜单中选择"扩展卷…"命令（见图 2-13）。单击【下一步】按钮（见图 2-14），选择空间量，至此，卷的扩展完成（见图 2-15）。

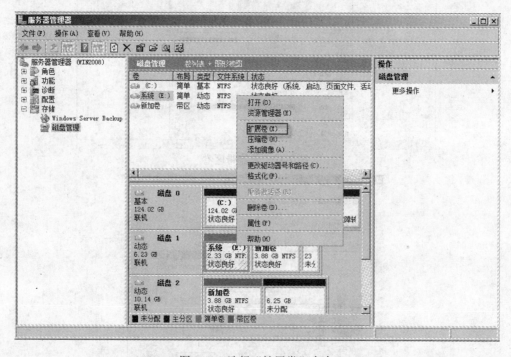

图 2-13　选择"扩展卷"命令

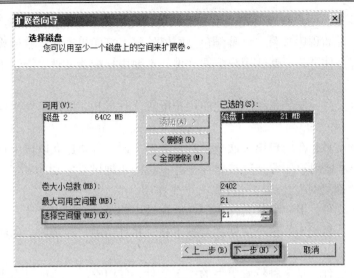

图 2-14　输入扩展空间大小

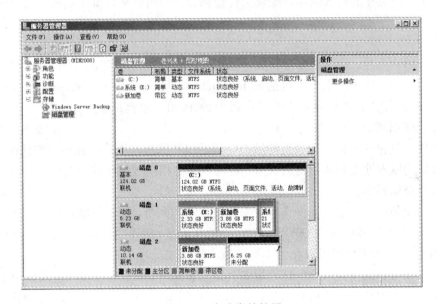

图 2-15　完成卷的扩展

任务 2：管理本地用户和组

【案例任务】

创建本地用户和组。

【技术要点】

1. 用户账号

用户账号是在网络中用来表示用户的标志，分为本地用户账号和域用户账号。本地用户账号存在于独立服务器、成员服务器或工作站上，用户登录后只能访问本台计算机资源。域用户账号集中保存在域控制器上的活动目录里，身份验证由域控制器来完成，作用范围是整个域。

　　用户配置文件是在用户登录时定义系统加载所需环境的设置和文件的集合。它包括所有用户专用的配置设置，如程序项目、屏幕颜色、网络连接、打印机连接、鼠标设置及窗口的大小和位置。用户配置文件分为：默认用户配置文件、本地用户配置文件、漫游用户配置文件及强制用户配置文件。

　　默认用户配置文件：安装系统时创建的用户配置文件模板，用户第一次登录时建立用户配置文件使用。

　　本地用户配置文件：在用户第一次登录到计算机上时，自动建立以该用户名命名的本地用户配置文件，这个本地用户配置文件被储存在计算机的本地硬盘驱动器上。任何对本地用户配置文件所做的更改都只对发生改变的计算机产生作用。

　　漫游用户配置文件：用户配置文件集中存放在域中的某一台服务器上。当用户每次登录到网络上的任意一台计算机时，这个文件都会被下载，并且当用户注销时，任何对漫游用户配置文件的更改都会与服务器的复制同步。

　　强制用户配置文件：是一种特殊类型的配置文件，使用它，管理员可为用户指定特殊的设置。只有系统管理员才能对强制用户配置文件作修改。当用户从系统注销时，用户对桌面的修改就会丢失。

2. 组

　　组用于将用户账号、计算机账号和其他组账号收集到可管理的单元中，可以将具有相同权限的用户划为一组。常见的用户组包括 administrators、backup operators、guests、power users、replicator 和 users 用户，默认新建立的用户属于 users 组，也就是 everyone。

　　根据组的作用域分：

　　全局组成员只包括来自定义该组的域中的其他组和账号，而且可在林中的任何域中指派，可作为任何域的域本地组和通用组的成员，也可以成为相同域的全局组的成员，其作用范围是本地域和所有被信任的域。

　　本地域组成员可包括服务器操作系统中的其他组和账号，而且只能在域内指派权限，当域功能级别被设置为 Windows 2000 混合时，不能作为其他组的成员，当域功能级别被设置为 Windows 2003 时，域本地组可以作为本域的域本地组成员。

　　通用组成员可包括域树或林中任何域的其他组和账号，而且可在该域树或林中的任何域中指派权限，可以作为任何域的用户账号、全局组和通用组，其作用范围是森林的所有域。

　　根据组的类型分：

　　通讯组只有在电子邮件应用程序中才使用。

　　安全组可以授予用户相应的权利和权限。权限定义了授予用户或组对某个对象或对象属性的访问类型。

【案例实现】

1. 创建本地用户

　　在服务器管理器窗口中，单击"配置"→"本地用户和组"选项，打开"服务器管理器"窗口，右击"用户"选项，在打开的快捷菜单中选择"新用户…"命令（见图 2-16），输入用户名和密码（见图 2-17），单击【创建】按钮。

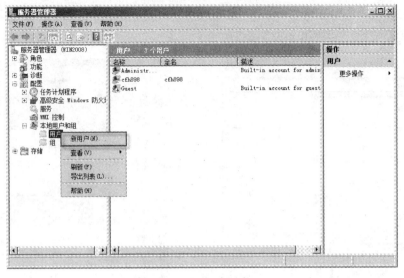

图 2-16　新建用户

图 2-17　输入新用户名和密码

2. 创建组以及添加用户到组中

（1）在服务器管理器窗口中，右击"组"，在打开的快捷菜单中选择"新建组…"命令（见图 2-18）。

图 2-18　新建组

（2）输入组名（见图 2-19），单击"添加"→"高级"→"立即查找"按钮（见图 2-20），再单击【创建】按钮，创建组（见图 2-21）。

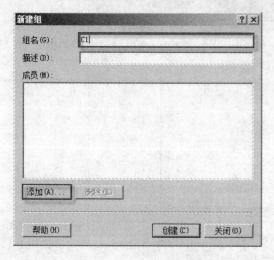

图 2-19　输入组名

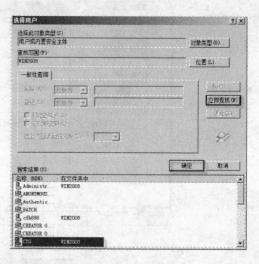

图 2-20　查找用户

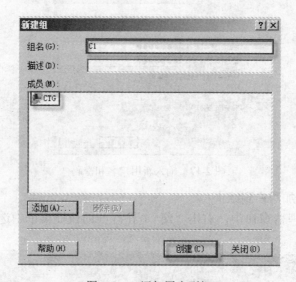

图 2-21　添加用户到组

任务 3：共享存储及配置脱机访问

【案例任务】

共享存储，配置脱机数据访问。

【技术要点】

1. 共享存储管理

共享和存储管理提供了一个管理两种重要服务器资源的集中位置：一种是在网络上共享的文件夹和卷，另一种是磁盘和存储子系统中的卷。

　　"共享和存储管理"控制台可用于在 Windows Server 2008 服务器上设置磁盘存储，或支持虚拟磁盘服务（VDS）的存储子系统。"设置存储向导"可用于在现有磁盘上创建卷或创建连接到服务器的存储子系统。如果在存储子系统上创建卷，向导还可用于创建承载该卷的逻辑单元号（LUN）。

　　如果服务器可以访问的磁盘上有未划分空间，或安装了 VDS 硬件提供程序的存储子系统中有可用空间，那么就可以运行"设置存储向导"。另外，只能在联机的磁盘上创建卷。

2．配置脱机数据访问

　　使用"共享和存储管理"控制台配置如何（以及是否允许）使 Windows Server 2008 上的共享文件夹或卷中的文件和程序可以脱机使用。随后，用户还需要在客户端计算机上设置"脱机文件"功能。

　　通常，当用户联机时，可下载并编辑保存在服务器上的数据文件（如 Microsoft Office Word 文档或 Microsoft Office Excel 电子表格），并将更新后的文件重新保存到服务器。如果可执行文件（如.exe 文件或.dll 文件）被下载到客户端，则在客户端需要时，就可在本地运行这些文件。

　　对于被标记为可脱机使用的用户文件，可被配置为在客户端注销，或进行关机的时候下载到本地，这样用户就可以脱机使用本地的文件。当用户重新登录到网络后，客户端上被修改过的文件就会上传到服务器，这个过程也称为同步，同时只有在上一次同步后被修改过的文件或新建的文件才会被同步。

　　还可以对服务器上包含高度安全的文件（如被加密的文件）的共享进行配置，以便不对这些文件进行同步。客户端计算机上的"脱机文件"功能会将脱机文件保存到客户端磁盘上一块的预留的位置中，这个位置也称为本地缓存。

　　针对共享资源设置脱机可用性选项。如果需要，可以针对服务器上的每个共享单独进行配置，可用选项如下所述。

◇ 仅用户指定的文件和程序可以脱机使用：这是默认选项，如果选择该选项，除非用户明确指定要脱机使用，否则所有用户或程序文件都不能脱机使用，用户所选的文件会进行同步，并可脱机使用。如果用户有一定的技术水平，并且可以合理选择要脱机使用的内容，即可选择该选项。

◇ 用户从共享中打开的所有文件和程序均可自动脱机使用：当用户访问共享的文件夹或卷，并打开了文件或运行了程序，则该文件或程序就会自动对该用户脱机可用，没有打开过的文件和程序依然无法脱机使用。该选项的优势在于，用户不需要选择要同步的文件。在工作中，无论是在公司还是在家里，用户自己打开的所有文件都会被同步。但该选项也有不足之处，如果用户打开过大量文件，或打开过非常大的文件（或者两种情况同时存在），则下班时可能需要很长时间才能注销，因为需要将大量文件从客户端传输到服务器。"已进行性能优化"选项则可尽量减轻（但无法完全避免）该问题。

◇ 此共享中的文件和程序均无法脱机使用：该选项会禁止客户端使用脱机功能在本地为共享的资源创建副本。通常，选择该选项可防止机密共享资源被脱机存储在不安全的计算机上，如果公司策略禁止使用该选项，请确保使用共享和 NTFS 权限对访问进行适当控制。

3. 服务（NFS）

NFS 为混合包含 Windows 和 UNIX 的企业环境提供了文件共享解决方案，NFS 服务使得我们可在运行 Windows Server 2008 和 UNIX 操作系统的计算机之间使用 NFS 协议传输文件，而 Windows Server 2008 版本的 NFS 服务包含下列改进内容。

（1）Active Directory 查询：针对 Active Directory 架构 UNIX 扩展的身份管理包含 UNIX 用户标识符（UID）和组标识符（GID）字段，这样 NFS 服务器和 NFS 客户端就可以直接通过 Active Directory 域服务（AD DS）引用从 Windows 到 UNIX 的用户账户映射，针对 UNIX 的身份管理简化了在 AD DS 中从 Windows 到 UNIX 的用户账户映射工作。

（2）64 位支持：可将 NFS 服务安装到所有版本的 Windows Server 2008 中，包括 64 位版本。

（3）增强的服务器性能：NFS 服务包含文件筛选器驱动，可大幅降低服务器文件访问的延迟。

（4）UNIX 特殊设备支持：NFS 服务还可根据 mknod（创建目录，特殊文件或普通文件）功能对 UNIX 特殊设备提供支持。

4. SMB

SMB（Server Message Block）标准，它能被用于 Warp 连接和客户端与服务器之间的信息沟通。它能共享文件、磁盘、目录、打印机，甚至网络端口。

5. 共享权限

在 Windows Server 2008 中，共享权限有读取、读取/写入两种权限，NTFS 权限高于共享权限。

【案例实现】

1. 设置共享文件夹向导

（1）单击"开始"→"管理工具"→"共享和存储管理"选项（见图 2-22），再选择"设置共享…"选项，选择共享文件夹（见图 2-23）。

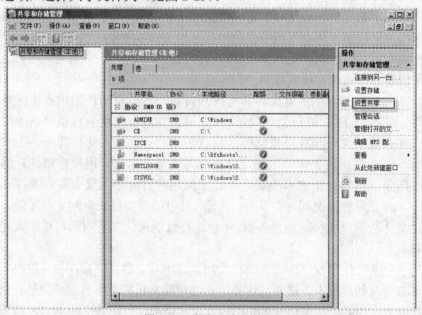

图 2-22　共享和存储管理

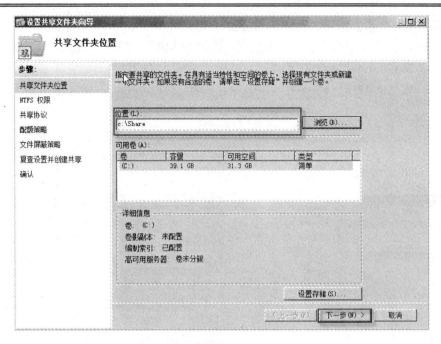

图 2-23　选择共享文件夹

（2）单击【下一步】按钮，选中"是，更改 NTFS 权限"单选按钮，再单击【编辑权限】按钮（见图 2-24）。在打开的对话框中单击【添加】按钮，输入用户或组，设置 NTFS 权限（见图 2-25）。

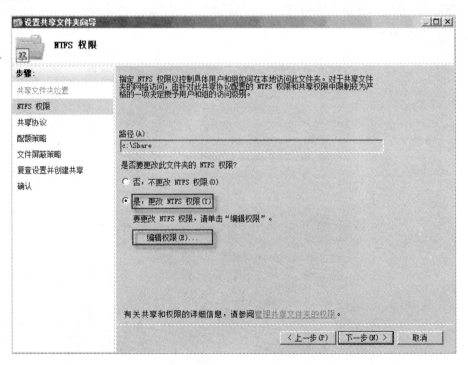

图 2-24　更改 NTFS 权限

（3）单击【下一步】按钮，设置共享协议，勾选"SMB"、"NFS"复选框，输入网上共享文件夹名（见图2-26）。单击【下一步】按钮，进入"SMB"设置窗口（见图2-27），设置SMB权限（见图2-28）。

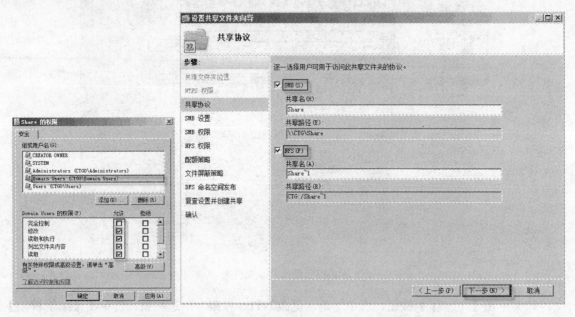

图 2-25　设置 NTFS 权限　　　　　　　　　　图 2-26　选择设置共享协议

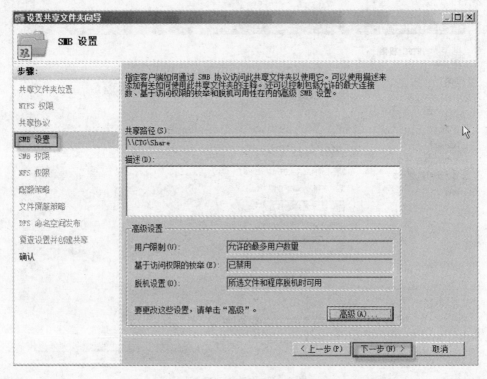

图 2-27　"SMB 设置"窗口

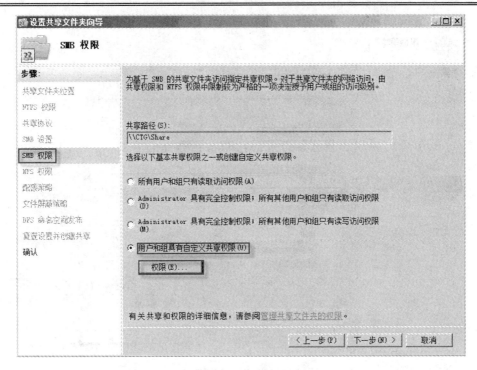

图 2-28　设置 SMB 权限

（4）单击【下一步】按钮，设置 NFS 权限（见图 2-29），接着再设置配额策略（见图 2-30）。

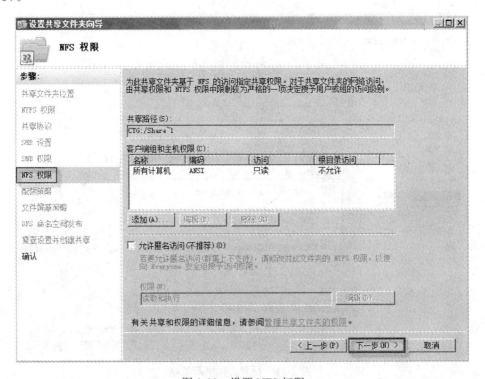

图 2-29　设置 NFS 权限

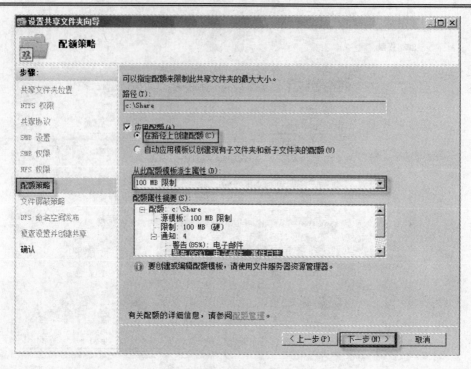

图 2-30　设置配额策略

（5）单击【下一步】按钮，设置文件屏蔽策略（见图 2-31），接着再设置 DFS 命名空间发布（见图 2-32），最后再复查设置并创建共享（见图 2-33）。

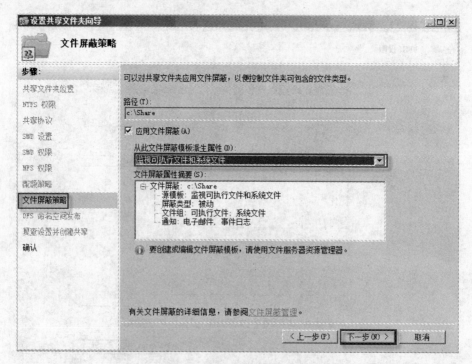

图 2-31　设置文件屏蔽策略

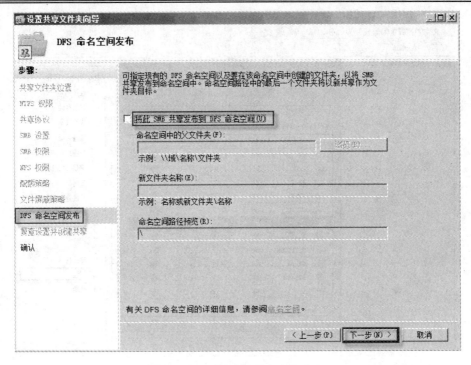

图 2-32　设置 DFS 命名空间发布

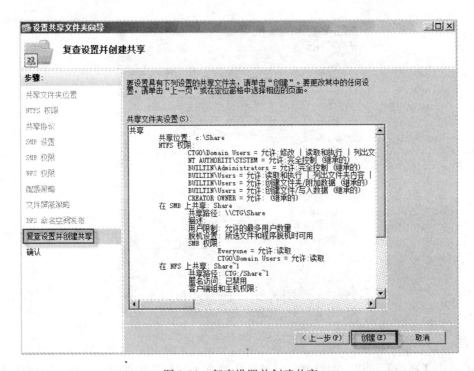

图 2-33　复查设置并创建共享

2．配置脱机数据访问

（1）在"共享和存储管理"窗口中，选择文件夹并单击"属性"选项（见图 2-34），打开"属性"对话框，如图 2-35 所示。

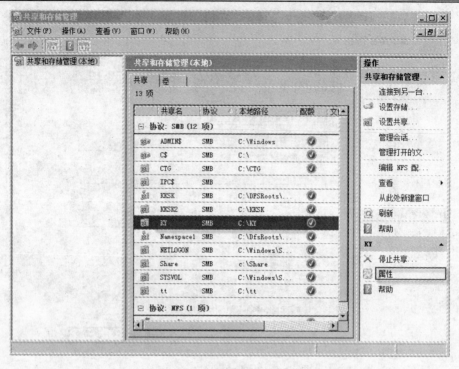

图 2-34　选择共享文件夹属性

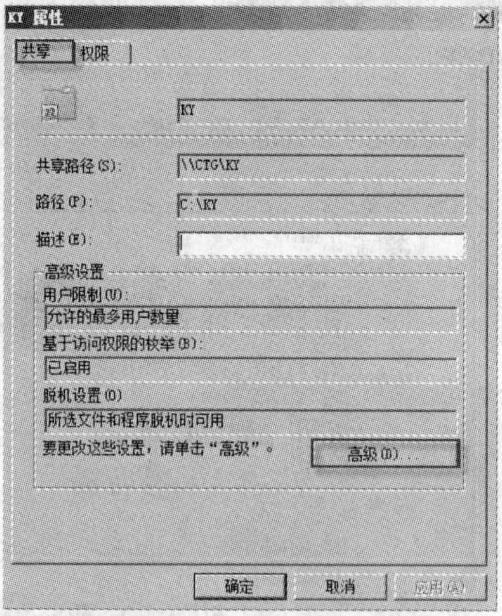

图 2-35　"属性"对话框

　　（2）单击【高级】按钮，在打开的对话框中选择"缓存"选项卡，选择"用户从共享中打开的所有文件和程序均可自动脱机使用"单选按钮（见图 2-36）。返回"属性"对话框单击"权限"选项卡，设置脱机访问权限（见图 2-37）。

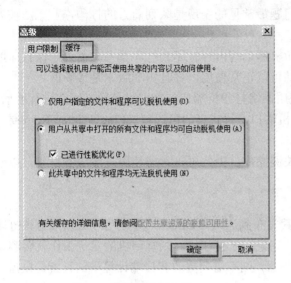

图 2-36 脱机共享选项

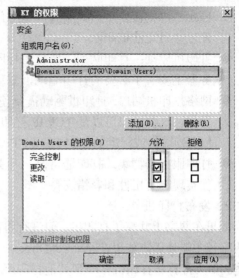

图 2-37 设置脱机权限

任务 4：配置"打印服务"

【案例任务】

添加"打印服务"服务器角色。

【技术要点】

打印服务

在 Windows Server 2008 中，"打印服务"已经成为一个服务器角色，需要安装到服务器上，才能创建打印服务器。Windows Server 2008 还包含一个"打印管理"控制台。

"打印服务"这一服务器角色使得我们可管理打印服务器和打印机。如果将 Windows Server 2008 服务器配置为打印服务器，则可使用"打印管理"控制台集中管理打印机，降低相关的管理和维护工作量。

默认情况下，安装"打印服务"这一服务器角色会安装"打印服务器"角色服务，这样就可以在网络上共享打印机，或将打印机发布到 Active Directory。可以安装行式打印机后台程序（Line Printer Daemon，LPD），这样既可使用连接到 UNIX 服务器的打印机进行打印，还可以安装"Internet 打印"，以便通过 Web 界面连接和管理打印机。

"打印服务"这一服务器角色的规划涉及分析企业当前及未来的打印需求，以及配置管理打印时间和访问权限。

1. 管理打印机实体

如果在服务器上安装了"打印服务"这一服务器角色，则可以管理下列实体。

◆ 打印队列：打印队列是打印设备的具体呈现。通过打印队列，可以看到活动的打印作业及作业的状态。如果队列前方的打印作业没有被处理，则可能是因为使用了错误的纸张规格，此时可以删除该作业，并继续处理队列中的其余作业。

◆ 打印池服务：打印服务只有一个打印池服务，通过该服务即可管理服务器上的所有打印作业和打印队列。通常，打印池服务会自动启动，然而如果该服务因为任何原因被停止了，则需要重启该服务。这种问题最常见的表现是队列前方的打印作业无法被处理，并且无法被删除。

◈ 打印机驱动：打印队列需要使用打印机驱动将内容打印到打印设备。需要确保打印服务器上安装了必要的打印驱动，驱动可以正常使用，并且驱动版本是最新的。

◈ 网络打印机端口：打印机驱动需要使用网络打印机端口与物理设备通过网络进行通信，例如，这些端口可以是 TCP/IP 打印机端口、行式打印机远程（Line Printer Remote，LPR）端口或标准的 COM 和 LPT 端口。

◈ 打印服务器群集：打印通常是一种关键操作，因此可以考虑使用打印服务群集，以确保实现高可用性和容错支持。

2. 发布打印机

如果在网络上共享了打印机，但没有将其发布到 Active Directory，则用户必须知道该打印机的路径才能使用。如果在 Active Directory 中发布了打印机，则打印机的定位工作就会容易一些。如果打算将打印机移动到其他打印服务器，则不需要更改客户端计算机的设置，只需要在 Active Directory 中更改相关记录。

3. 使用"打印管理"控制台管理打印机

"打印管理"控制台是远程服务器管理工具，可用于具有大量（通常数量非常多）打印服务器的企业环境中，实现单点管理（single-seat administration）工作。在安装"打印管理"控制台后，即可从"管理工具"菜单，或从"服务器管理器"中启动该工具。在安装"打印管理"控制台后，还需要对其进行配置，以便测出需要管理的打印机和打印服务器。

【案例实现】

在"服务器管理器"窗口中，单击"角色"选项（见图 2-38），再单击【添加角色】→【下一步】按钮，在打开的"选择服务器角色"对话框中勾选"打印服务"复选框（见图 2-39）。

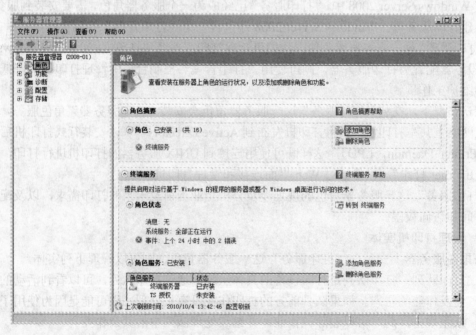

图 2-38　"服务器管理器"窗口

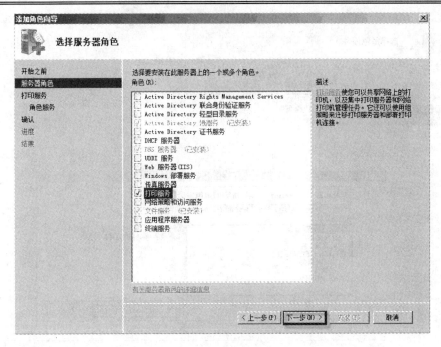

图 2-39　选择服务器角色

单击【下一步】→【下一步】）按钮，在打开的"选择角色服务"对话框中勾选"LPD 服务"、"Internet 打印"（见图 2-40）。接着再添加必要的角色服务（见图 2-41），选中"Internet 打印"复选框（见图 2-42），安装 Web 服务器（IIS）和打印服务（见图 2-43）。

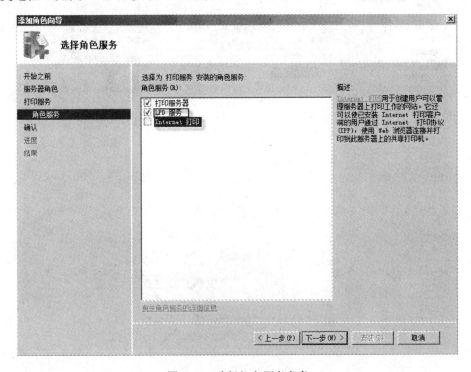

图 2-40　选择打印服务角色

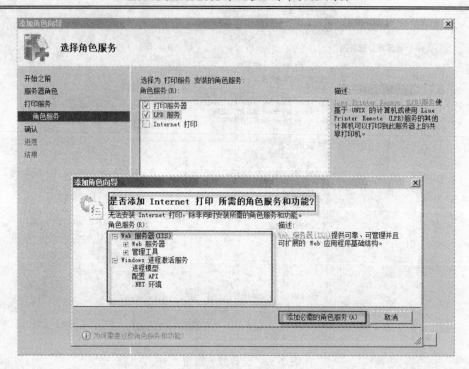

图 2-41　添加 Internet 打印所需角色

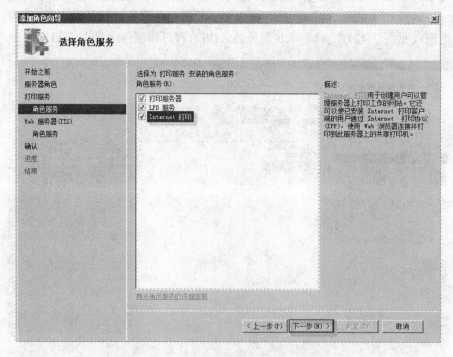

图 2-42　选中"Internet 打印"复选框

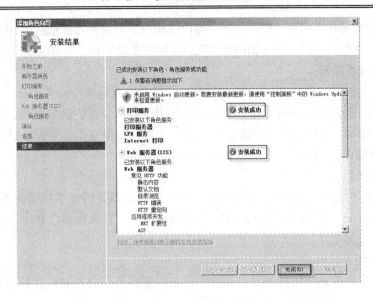

图 2-43   安装成功

任务 5：安装配置分布式文件服务

【案例任务】

创建文件服务器。

【技术要点】

文件服务：Windows Server 2008 操作系统中的文件服务器角色提供的技术有助于管理存储、启用文件复制、管理共享文件夹、确保快速文件搜索，以及启用对 UNIX 客户端计算机的访问。

1．分布式文件系统（DFS）

分布式文件系统（Distribute File System，DFS）中，一台服务器上的某个共享点能够作为驻留在其他服务器上的共享资源的宿主。

DFS 以透明方式链接文件服务器和共享文件夹，然后将其映射到单个层次结构，以便可以从一个位置对其进行访问，而实际上数据却分布在不同的位置。用户不必再转至网络上的多个位置以查找所需的信息，而只需连接到\\DfsServer\Dfsroot。

分布式文件系统是作为文件服务角色的一种角色服务而实现的。分布式文件系统包含两种角色服务：

◇ DFS 命名空间

使用 DFS 命名空间，可以将位于不同服务器上的共享文件夹组合到一个或多个逻辑结构的命名空间。每个命名空间作为具有一系列子文件夹的单个共享文件夹显示给用户。但是，命名空间的基本结构可以包含位于不同服务器，以及多个站点中的大量共享文件夹。

◇ DFS 复制

DFS 复制是一种有效的多主机复制引擎，可用于保持跨有限带宽网络连接的服务器之间的文件夹同步。它代替文件复制服务（FRS）作为 DFS 命名空间的复制引擎，以及在使用 Windows Server 2008 域功能级别的域中，作为复制 Active Directory 域服务（AD DS）SYSVOL 文件夹的复制引擎。

若要管理 DFS 命名空间和 DFS 复制，可以使用服务器管理器承载的"DFS 管理"管理单元，也可以使用"管理工具"文件夹中的"DFS 管理"管理单元，还可以使用命令提示符工具。

2．SAN 存储管理器

存储域网络（Storage Area Network，SAN）采用光纤通道（Fiber Channel）技术，通过光纤通道交换机连接存储阵列和服务器主机，建立专用于数据存储的区域网络。它将服务器和远程的计算机存储设备（如磁盘阵列、磁带库）连接起来，使得这些存储设备看起来就像是在本地一样。SAN 存储系统组成：

（1）SAN 服务器

服务器基础结构是所有 SAN 解决方案的前提，这种基础结构是多种服务器平台的混合体，包括 Windows Server，不同风格的 UNIX 和 OS/390。由于服务器整合和电子商务的推动，对 SAN 的需求将不断增长。

（2）SAN 存储

存储基础结构是信息所依赖的基础，因此它必须支持公司的商业目标和商业模式。在这种情况下，仅仅使用更多和更快的存储设备是不够的，需要建立一种新的基础结构。这种新的基础结构应该能够有更好的网络可用性、数据访问性和系统管理性。SAN 就是为了迎接这一挑战应运而生的，它解放了存储设备，使其不依赖于特定的服务器总线，而且将其直接接入网络。换句话说，存储被外部化，其功能分散在整个组织内部。SAN 还支持存储设备的集中化和服务器群集，使其管理更加容易，费用更加低廉。

（3）SAN 互连

实现 SAN 需要考虑的第一个要素是，通过光纤通道之类的技术实现存储和服务器组件的连通性。与 LAN 一样，SAN 通过存储接口的互连形成很多网络配置，并能够跨越很长的距离，如线缆、连接器、扩展器、路由器、网桥、网关、交换机。

【案例实现】

1．安装文件服务

（1）在"服务器管理器"窗口中单击【角色】→【添加角色】→【下一步】按钮（见图 2-44），在打开的"选择服务器角色"对话框中勾选"文件服务"复选框（见图 2-45）。

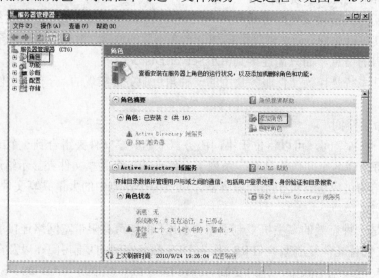

图 2-44　"角色"对话框

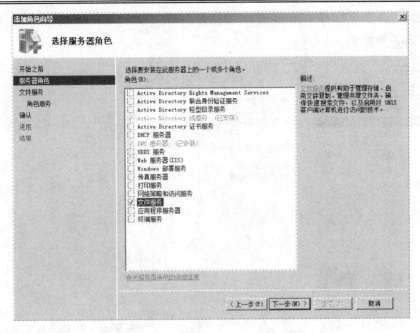

图 2-45　勾选"文件服务"复选框

（2）单击【下一步】按钮，在"选择角色服务"对话框中勾选"分布式文件系统"、"文件服务器资源管理器"、"网络文件系统服务"、"Windows 搜索服务"复选框（见图 2-46），然后指定配置命名空间（见图 2-47、图 2-48 和图 2-49）。

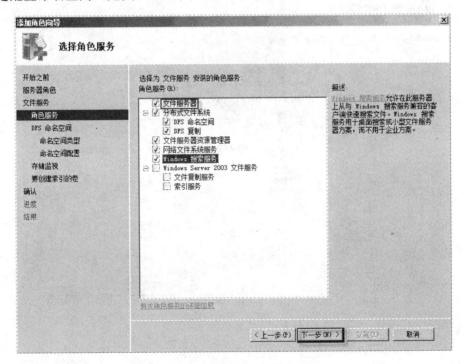

图 2-46　选择角色服务

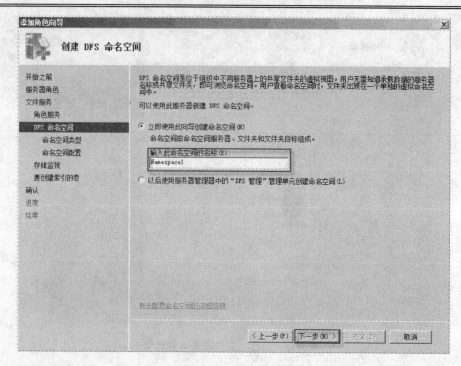

图 2-47　创建 DFS 命名空间

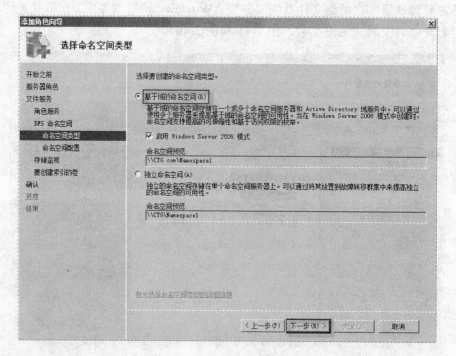

图 2-48　选择命名空间类型

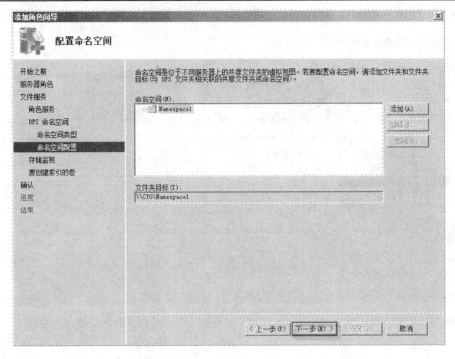

图 2-49　配置命名空间

　　（3）单击【下一步】按钮，依次配置存储使用情况监视（见图 2-50）。接着再设置报告选项（见图 2-51）。在打开的 "为 Windows 搜索服务选择要创建索引的卷" 对话框中，选定创建索引的卷（见图 2-52），至此，完成安装（见图 2-53）。

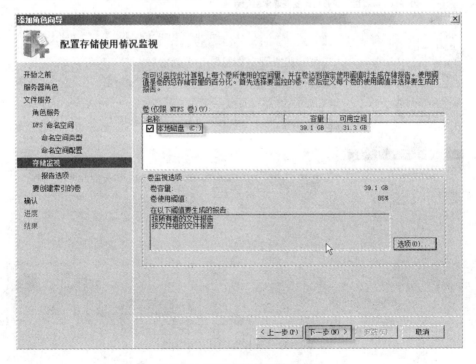

图 2-50　配置存储使用情况监视

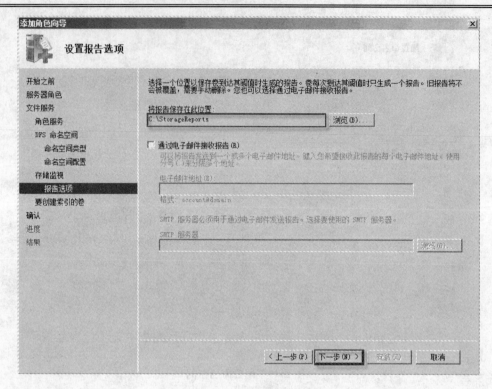

图 2-51　设置报告选项

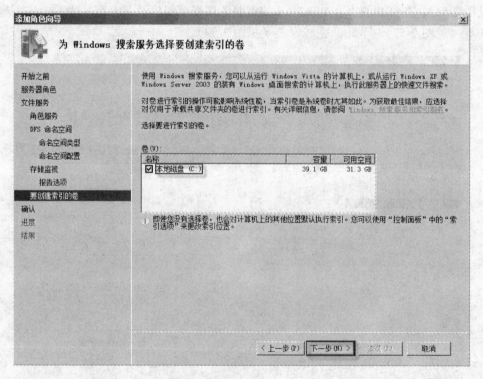

图 2-52　选择要创建索引的卷

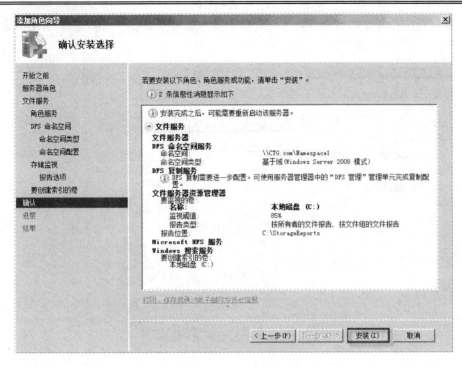

图 2-53 安装完成

2. 新建 DFS 命名空间

（1）单击"开始"→"管理工具"→"DFS 管理"选项，在打开的"DFS 管理"窗口中单击【新建命名空间】按钮（见图 2-54）。

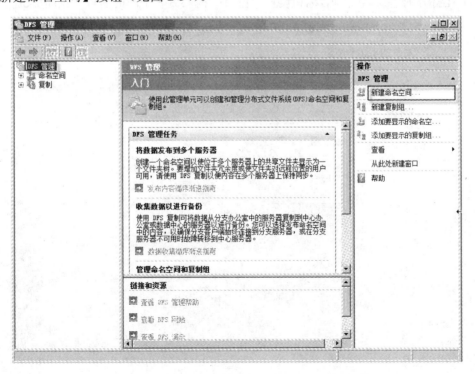

图 2-54 "DFS 管理"窗口

（2）在打开的"新建命名空间向导"窗口中输入服务器名称（见图 2-55），单击【下一步】按钮。

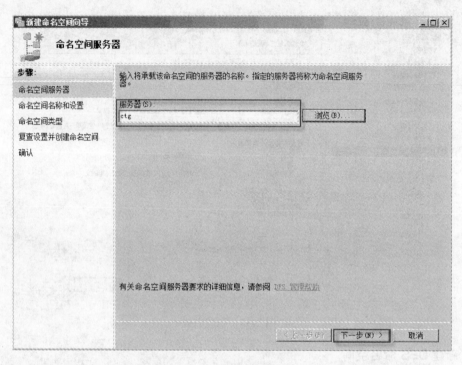

图 2-55　输入服务器名称

（3）在打开的"命名空间名称和设置"窗口中输入命名空间的名称（见图 2-56）。

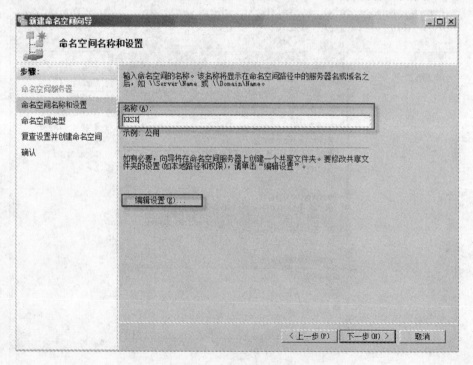

图 2-56　输入命名空间名称

（4）单击【编辑设置】按钮，设置共享文件夹权限（见图 2-57）。接着在"命名空间类型"窗口中指定命名空间类型为"启用 Windows Server 2008 模式"（见图 2-58），按操作提示向导完成命名空间的创建。

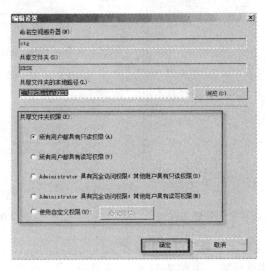

图 2-57 编辑设置

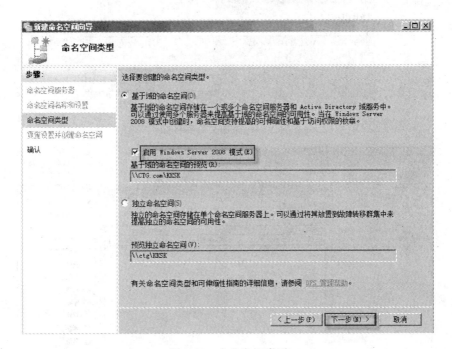

图 2-58 命名空间类型

3. 配置 DFS 共享文件夹

（1）在"DFS 管理"窗口中，单击"命名空间"→"ctg.com\KKSK"→"新建文件夹"选项（见图 2-59）。

（2）在打开的"新建文件夹"对话框中输入新建文件夹的名称（见图 2-60），单击【添加】按钮。

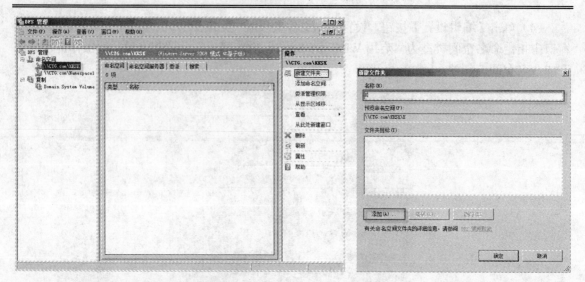

图 2-59　DFS 命名空间新建文件夹　　　　　　　　图 2-60　输入 DFS 文件夹名

（3）在打开的"添加文件夹目标"窗口中设置文件夹目标的路径（见图 2-61），单击【确定】按钮，完成 DFS 文件夹共享设置（见图 2-62）。

图 2-61　添加文件夹目标

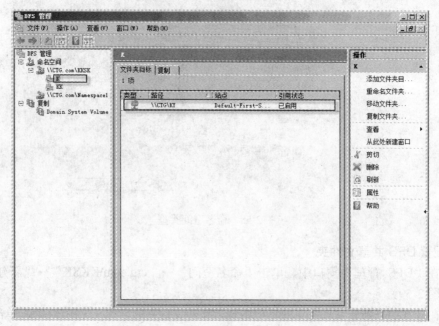

图 2-62　完成共享设置

任务 6：使用 FSRM 创建配额及屏蔽文件

【案例任务】

使用 FSRM 创建配额、创建配额模板和屏蔽文件

【技术要点】

Windows Server 2008 提供了一个功能强大的管理工具，就是文件服务器资源管理器，简称 FSRM（File Server Resource Manager）。它提供为文件夹和卷设置配额、主动屏蔽文件，并生成全面的存储报告。

1．配额管理

Window Server 2008 提供了更好的配额管理功能，不仅可对文件夹应用配额，对卷应用，同时还可以使用配额模板，用更快速简单的方法创建配额。另外，还可以创建自定义配额，或根据现有模板应用配额。

Microsoft 建议通过模板应用配额。这样可简化配额管理，因为可以根据特定模板对其进行编辑，自动更新所有配额。随后，即可更新任何使用该模板创建的配额设置。同时，还可以从这种更新中执行特定的配额。例如，如果从模板创建了配额，随后手动更改了某些设置，则可能不希望更新配额，因为这样做可能导致设置丢失。

另外还可创建自动应用的配额，并将配额模板分配给父卷或文件夹。这样基于该模板的配额就可以自动生成，并应用给每个现有子文件夹，并可派生给以后创建的子文件夹。

配额模板包含下列内容。

◇ 100MB 限制：这是硬配额，如果达到 100%的配额限制，则会给用户和特定管理员发送电子邮件，并将事件写入事件日志。

◇ 针对用户的 200MB 限制报告：这是硬配额，如果达到 100%的配额限制，会生成报考，发送电子邮件，并将事件写入事件日志。

◇ 200MB 限制，50MB 扩展：从技术上说，这是硬配额，因为当用户尝试超出限制时，会触发操作，而不仅仅是监控是否超出限制。具体的操作则是运行程序，以应用"250MB 扩展限制"这一模板，并给用户额外提供 50MB 空间。当该限制被超出后，会发送电子邮件，并记录事件。

◇ 250MB 扩展限制：250MB 限制无法被超出，当达到限制后，会发送电子邮件，并记录事件。

◇ 监视 200GB：卷的使用情况，这是软配额，只能应用给卷，并且仅用于监视。

◇ 监视 500MB 共享：这是软配额，只能应用给共享，并仅用于监视。

管理员发现，通过控制用户对空间的需求量来降低存储增长很有必要。文件服务器资源管理器中新的配额管理工具允许管理员按卷、文件夹或共享监视和管理硬盘空间。FSRM 还提供了丰富的通知机制，以帮助管理员控制用户的期望。

2．文件屏蔽

使用 FSRM 创建和管理文件屏蔽，该功能控制了用户可以保存的文件类型，并会在用户尝试保存不允许类型的文件时发送通知。另外还可以定义文件屏蔽模板，这样就可以应用于新的卷或文件夹，或用于整个企业的所有服务器。

文件屏蔽有以下两种：

◆ 主动屏蔽：阻止用户保存属于被阻止的文件组中的文件并生成通知。

◆ 被动屏蔽：只是发送通知而不阻止用户的行为。

FSRM 使管理员可以限制整个组织中非业务文件的使用和传播。文件屏蔽规则适用于文件夹树或卷中的所有用户。可以配置屏蔽策略的异常限制继承。

3. 存储报告

FSRM 提供了一个"存储报告管理"节点，在这里可以生成和存储有关的报告，例如与重复文件、大文件、访问最频繁的文件，以及很少被访问的文件有关的报告。另外，该节点还可用于安排创建周期性的存储报告，这样可更好地判断磁盘的被使用趋势，并监控有关保存未经授权文件的企图。

文件服务资源管理器 （FSRM） 提供了一个可快速标识、监视和修复存储资源管理中效率低下问题的简便方法。管理员可以配置专门的报告，也可以请求以预定义的输出方式提供报告，其中包括：文件大小、最少使用、所有者、副本等报告，这些报告均可以多种格式（HTML、DHTML、XML、TXT 文本）提供。

【案例实现】

前面已经安装了 FSRM，下面我们主要介绍 FSRM 的配置。

1. 创建配额

（1）单击"开始"→"管理工具"→"文件服务器资源管理器"→"配额管理""配额"选项（见图 2-63）。

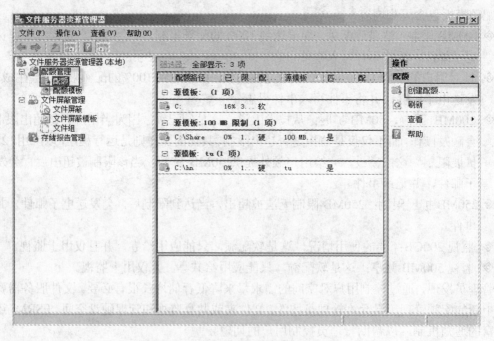

图 2-63　"文件服务器资源管理器"窗口

（2）单击"创建配额"选项，打开"创建配额"窗口，进行设置（见图 2-64），再单击【自定义属性】按钮，在打开的配额属性对话框中进行设置（见图 2-65）。

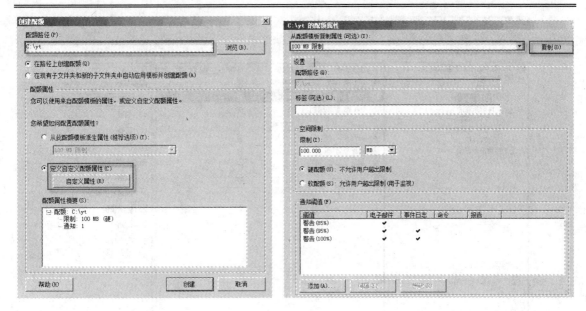

图 2-64　创建配额　　　　　　　　　　　图 2-65　自定义属性

（3）至此，完成配额的创建（见图 2-66）。

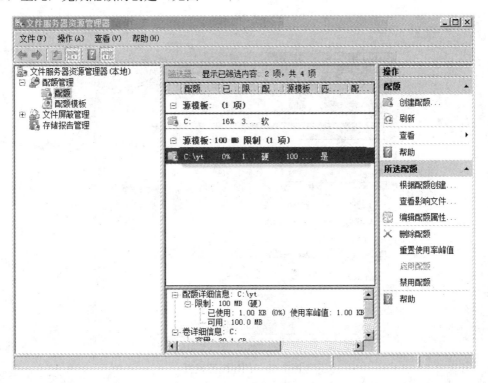

图 2-66　完成配额创建

2．创建配额模板

在"文件服务器资源管理器"窗口中单击"配额模板"→"创建配额模板"选项（见图 2-67），在打开的"创建配额模板"对话框中，选择"200M 限制，50MB 扩展"，输入配额模板名，完成配额模板的创建（见图 2-68）。

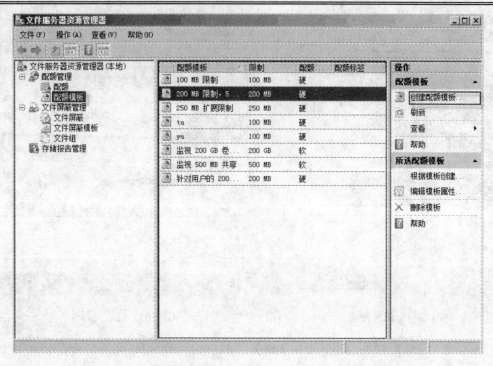

图 2-67　配额模板

图 2-68　创建配额模板

3. 文件屏蔽设置

在"文件服务器资源管理器"窗口中单击"文件屏蔽"→"创建文件屏蔽"选项（见图 2-69），在打开的"创建文件屏蔽"对话框中输入文件屏蔽路径，单击【定义自定义文件屏蔽属性】按钮（见图 2-70），选择"阻止音频文件和视频文件"，屏蔽类型为"主动屏蔽"及屏蔽文件组为"yt file"（见图 2-71）。

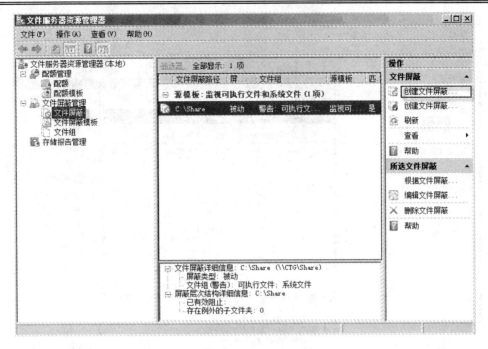

图 2-69　文件屏蔽

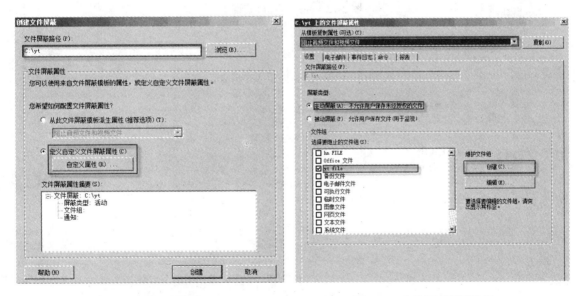

图 2-70　创建文件屏蔽　　　　　　　　　　图 2-71　文件屏蔽属性设置

【应用场景】

长科集团的系统管理员在服务器安装 Windows Server 2008 后，需要对服务器进行配置，在服务器上实现 DFS 服务、FSRM、索引服务和打印服务。

至此，完成文件屏蔽设置（见图 2-72）。

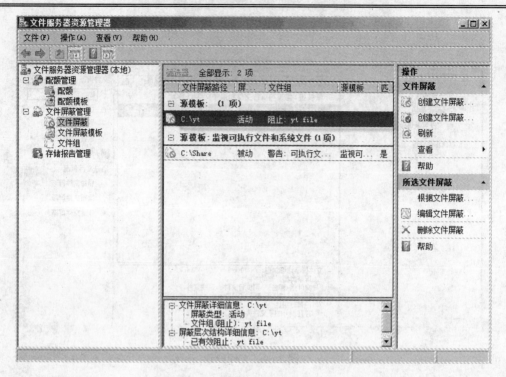

图 2-72　完成文件屏蔽设置

项目3 Windows Server 2008 监控与委派

【项目情景】

CTG 集团公司的系统管理员要对系统进行有效的监控，就需要知道系统中发生了什么事情，Windows 事件日志是最直观快捷的方式，它详尽地记载了系统中发生的各种事件，配置事件日志，监控优化服务器资源，从而做出应对；哪些任务是较次要的，或者管理起来不方便，可以委托相关的可信人员代理的，比如说由于分公司人员的变动，需要进行账号的创建、删除或者密码的变更等，由系统管理员负责实施。

任务 1：管理配置事件日志

【项目任务】

管理和配置事件日志。

【技术要点】

事件日志：是在系统或程序中发生的、要求通知用户的任何重要事情，或者是添加到日志中的项。事件日志服务在事件查看器中记录应用程序、安全、安装程序、系统、转发的事件。通过使用事件查看器中的事件日志，可以获取有关硬件、软件和系统组件的信息，并可以监视本地或远程计算机上的安全事件。事件日志可帮助系统管理员确定和诊断当前系统问题的根源，还可以帮助其预测潜在的系统问题。

日志订阅：是 Windows Server 2008 提供的一种新功能，它是一种集中的日志管理技术，可以将网络中的事件日志集中到一台计算机上进行处理。

日志收集器：用于存储从其他计算机上收集的事件日志的计算机。

日志源计算机：将生成的事件日志转发到收集器上的计算机。

1．事件日志的分类

在 Windows 中，事件日志分为五类：应用程序、安全、安装程序、系统、转发的事件。应用程序日志保存的是安装在 Windows 中的应用程序生成的数据；安全日志包含了审核的安全事件；安装程序日志记录了应用程序安装的相关事件；系统日志记录了与系统组件相关的事件；转发的事件日志则保存了从其他的计算机收集到的事件。Windows Server 2008 还新增了一个"应用程序与服务日志"功能，用于记录在 Windows Server 2008 中安装的角色服务与应用程序事件。

2．遴选事件日志

Windows 事件日志所记载的事件非常详细，导致日志的条目非常庞大，特别是当网络中服务器数量越来越多时，这似乎就成为了一项不可能完成的任务，而且大部分时候并不需要对所有的事件日志进行了解，只需要了解其中的关键部分就行了，比如：什么人曾经以管理员的身份进行过登录或是有人多次尝试以系统管理员身份进行登录等，怎样才能从中挑选出那些关键的日志信息呢，通过筛选器的设置就可以达到目的。

3．日志订阅功能的实现

要实现日志订阅功能，必须在日志源计算机和作为日志收集器的计算机上都进行设置。首先在每一台日志源计算机上，打开命令提示符窗口，运行"winrm quickconfig"命令，选择"yes"

打开防火墙例外；然后在充当日志收集器的计算机上，打开命令提示符窗口，运行"wecutil qc"命令，启动"Windows 事件收集器服务"，然后即可开始相关的日志订阅。需要提醒的是，收集器中进行日志订阅的计算机账户必须是源计算机的本地管理员组中的成员。

4. 事件日志的存档

事件日志默认保存在"%SystemRoot%\System32\Winevt\Logs"下的某个".evtx"文件中（视服务器的身份不同，其主文件名也不同），其容量大小可以由用户进行相应规划，在达到最大容量后有"按需要覆盖事件（旧事件优先）"，"日志满时将其存档，不覆盖事件"，"不覆盖事件（手动清除日志）"三个选项可供选择。需要注意的是，在某些特殊的组策略设置下，如果选择最后一个选项，日志满了之后，可能会导致服务器无法使用。当然，也可以定期对事件日志进行备份，保存格式有四种：事件文件（*.evtx），Xml 文件（*.xml），文本文件（制表符分隔）（*.txt），CSV 文件（逗号分隔）（*.csv）。

【任务实现】

1. 查看 Windows 日志

（1）单击"开始"→"管理工具"→"事件查看器"选项（见图 3-1），打开"事件查看器"窗口。

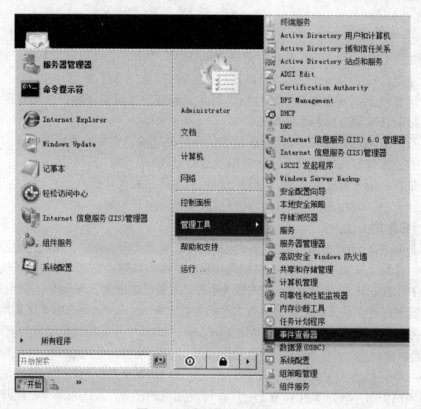

图 3-1　"事件查看器"选项

（2）在"事件查看器"窗口中即可查看"Windows 日志"（见图 3-2），可以看到 Windows 日志所包含的五个项目：应用程序、安全、安装程序、系统和转发的事件；它们的下面则是 Windows Server 2008 新增的应用程序与服务日志（见图 3-3）。

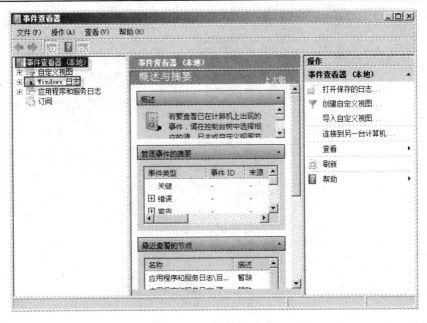

图 3-2　Windows 日志

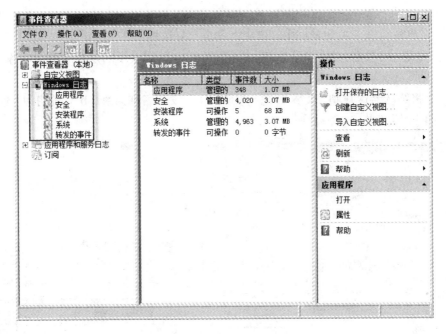

图 3-3　查看 Windows 日志

2. 自定义视图

如果要将安全日志中的某些特定事件筛选出来进行查看（如登录失败的事件，这可能是有人在尝试获取系统管理员密码或是其他用户的密码）可进行如下操作：

（1）在"事件查看器"窗口中单击"事件查看器"→"创建自定义视图"选项（见图 3-4）。

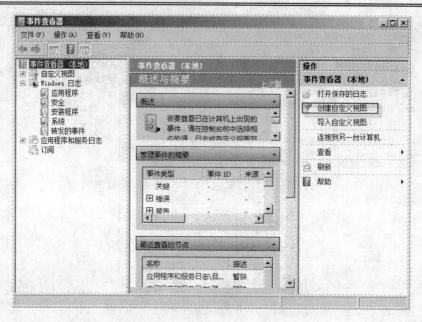

图 3-4　创建自定义视图

（2）在打开的"创建自定义视图"对话框中，对"事件级别"进行设置，选中"按日志"单选按钮，在事件日志下拉列表框中，选中"安全"复选框；在"关键字"下拉列表框中选中"审核失败"复选框；在包括/排除事件 ID 中输入"4625"，它表示的是登录类别任务，单击【确定】按钮（见图 3-5）。

（3）在"将筛选器保存到自定义视图"对话框中，设置名称为"dlsb"，说明为"登录失败"，单击【确定】按钮（见图 3-6）。

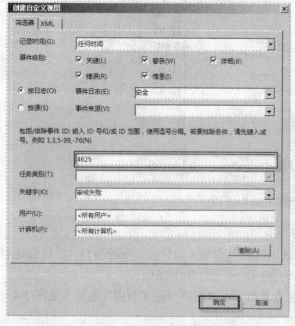

图 3-5　"创建自定义视图"对话框的设置

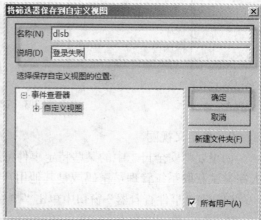

图 3-6　"将筛选器保存到自定义视图"对话框

（4）此时，在"事件查看器"窗口中可以将登录审核失败的安全事件筛选出来（见图 3-7）。

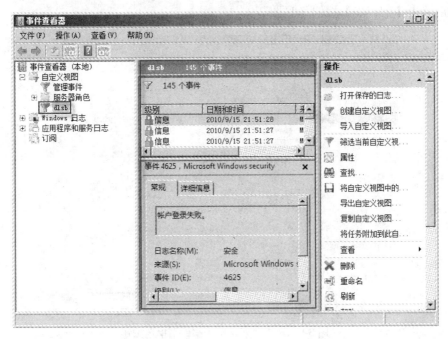

图 3-7 筛选出登录审核失败的安全事件

3. 为事件附加任务

上述操作都是在事件发生一段时间之后，才查看到的相关事件日志，如果希望在某些事件发生之后得到即时的通知，还可以为相关的事件附加任务。上述登录审核失败事件，如果希望在此类事件发生之后，收到即时的电子邮件通知，以便及时做出响应，具体设置如下。

（1）在图 3-7 中选取一个相关事件，右击"信息"，在打开的快捷菜单中选择"将任务附加到此事件"选项（见图 3-8）。

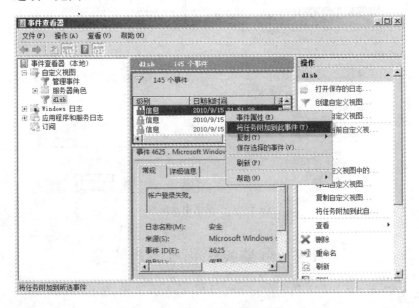

图 3-8 选择"将任务附加到此事件"选项

（2）打开"创建基本任务向导"对话框，在"操作"选项中，选中"发送电子邮件"单选按钮，然后单击【下一步】按钮（见图 3-9）。

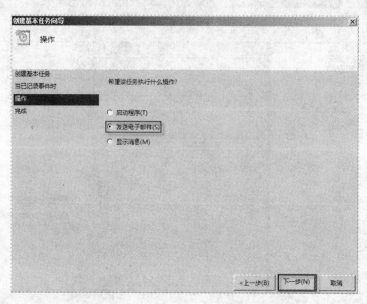

图 3-9　选中"发送电子邮件"单选按钮

（3）在"发送电子邮件"选项中，填写发件人、收件人和主题，设置 SMTP 服务器（见图 3-10），完成相关设置。

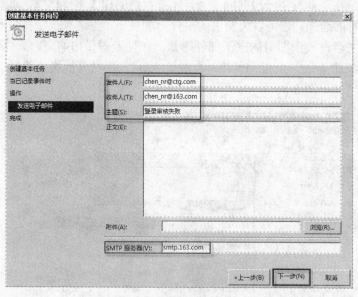

图 3-10　发送电子邮件

任务 2：监控优化服务器资源

【项目任务】

监控优化服务器资源。

【技术要点】

性能监视器：是一种简单而功能强大的可视化工具，用于实时从日志文件中查看性能数据。使用它，可以检查图表、直方图或报告中的性能数据。

性能计数器：一组用来描述运行 Windows Server 2008 服务器的计算机性能的数值，数据指标包括 CPU、硬盘、内存、网络等方面。

数据收集器集：将性能计数器、事件跟踪数据及系统配置信息集合在一起，用于评估运行 Windows Server 2008 服务器的计算机的整体性能。

基线：服务器正常负荷状态下运行时创建的，用来代表服务器性能计数器平均值的一系列指标数值或数据。

WSRM：是 Windows 系统资源管理器（Windows System Resource Manager）的缩写，它是 Windows Server 2008 服务器中内置的一个性能优化工具。

1．可靠性和性能监视器的作用

在服务器的实际运行过程中，为了及时了解服务器的运行情况，以便对服务器的运行性能进行优化及改进，必要时还需对相关的硬件设备进行更换或者升级，就要对服务器的运行情况进行监视，而这就需要用到"可靠性和性能监视器"。在"可靠性和性能监视器"的资源概述中，可以了解到服务器硬件的实时使用情况，包括 CPU、磁盘、网络、内存；同时，通过"可靠性和性能监视器"下的"可靠性监视器"，还可以了解到当前服务器运行的稳定性。

在"可靠性和性能监视器"中，通过"操作"菜单下的"连接到另一台计算机"还可查看远程计算机的实时性能数据，需要注意的是，要实现这一操作，必须拥有远程计算机的 Performance Log Users 组中的成员身份或等效身份；如果要查看远程计算机中的性能计数器，还必须在远程计算机上启用"性能日志和警报"防火墙例外，此外，实现这一操作的计算机账户必须同时为远程计算机上的 Performance Log Users 组和事件日志读取器组的成员。

2．数据收集器集和基线的参考作用

对服务器硬件来说，某一时间点的使用情况并不具有全局的参考意义，为此，可以使用数据收集器集来对服务器资源一段时间内的使用情况进行统计，它可以统计性能计数器、事件跟踪数据、系统配置信息三个方面的信息；同时，还可以设置性能计数器警报，比如，在一段时间之内，Processor %Processor Time 应当不超过 85%，Memory Pages/Sec 平均值应低于 50，Avg. Disk Queue Length 应该低于物理磁盘数目的 2 倍， Network Total Bytes/Sec 最好不要超过带宽的 50%，等等，如果这些数值或数据超过了阈值就可以设置触发性能计数器警报，从而执行某项任务，比如向应用程序事件日志写入日志、启动某一数据收集器集或执行某个应用程序等。另外，还可以在服务器处于正常的负荷状态时，通过捕获一个时间段内的状态信息，创建一条性能基线以便以后进行比对，来判断服务器是否超负荷运作，当然，这个操作在服务器部署不久时进行，更有参考意义。

3．WSRM 的资源管理策略

Windows 系统资源管理器内建的资源管理策略有 4 种，分别是：Equal Per Session（每会话均等）、Equal Per User（每用户均等）、Equal Per Process（每进程均等）、Equal Per IIS Application Pool（每 IIS 应用程序池均等），在实际应用中可视具体情况对系统资源的使用进行一定的优化，不过要想使服务器在运行过程中拥有更好的性能，还是尽量减少活动服务和应用程序的数量。

【任务实现】

1. 可靠性和性能的查看

（1）单击"开始"→"管理工具"→"可靠性和性能监视器"选项（见图 3-11），打开"可靠性和性能监视器"窗口（见图 3-12），即可看到当前服务器的 CPU、磁盘、网络、内存的使用情况。

图 3-11　可靠性和性能监视器

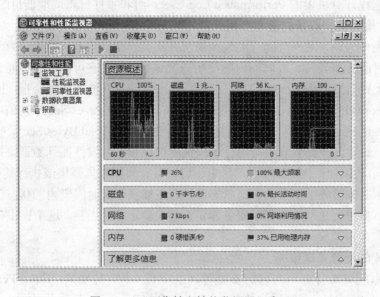

图 3-12　"可靠性和性能监视器"窗口

（2）单击"可靠性和性能"→"监视工具"→"可靠性监视器"选项，则会记录有关硬件组件、应用程序及服务器的错误信息，同时还会记录新的应用程序的安装和软件的更新（见图 3-13）。

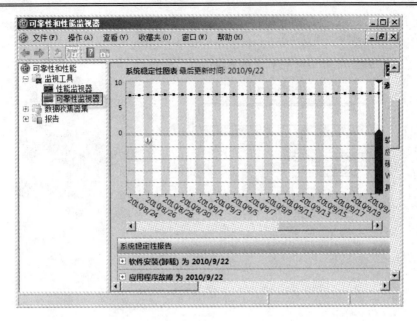

图 3-13　查看可靠性监视器

2．创建数据收集器集

（1）单击"可靠性和性能"→"数据收集器集"选项，使用鼠标右键单击"用户定义"选项，在打开的快捷菜单中选择"新建"→"数据收集器集"选项（见图 3-14）。

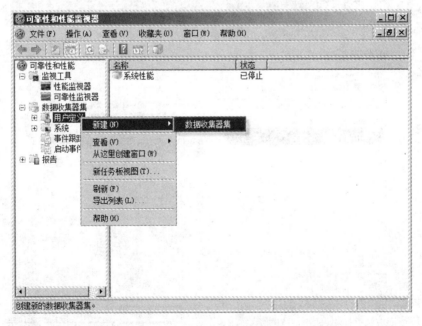

图 3-14　创建数据收集器集

（2）在"创建新的数据收集器集"对话框中，输入名称"系统性能"，选中"从模板创建"单选按钮，然后单击【下一步】按钮（见图 3-15）。

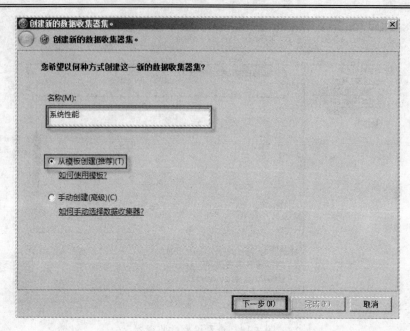

图 3-15　"创建新的数据收集器集"对话框

（3）在"模板数据收集器集"选项中，选择"System Performance"，然后单击【下一步】按钮（见图 3-16）。

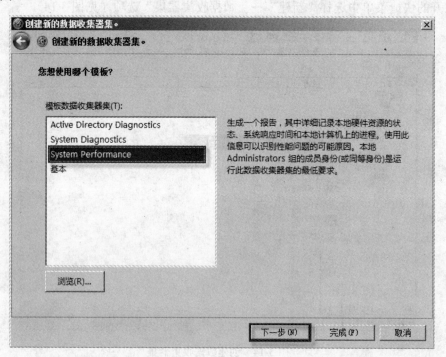

图 3-16　选择"System Performance"

（4）在"是否创建数据收集器集"选项中，选中"打开该数据收集器集的属性"单选按钮，单击【完成】按钮（见图 3-17）。

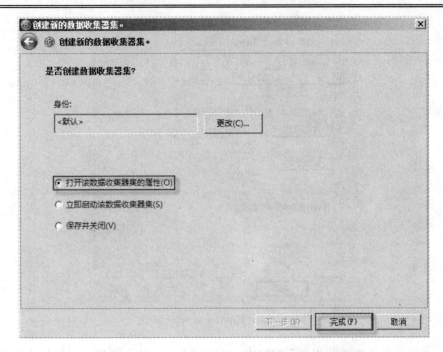

图 3-17　选中"打开该数据收集器集的属性"单选按钮

（5）在打开的"系统性能属性"对话框中，单击"计划"选项卡，再单击【添加】按钮（见图 3-18）。在打开的"文件夹操作"对话框中，设置开始日期、截止日期，勾选星期一至星期日复选框，单击【确定】按钮（见图 3-19）。

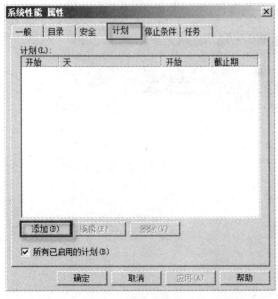

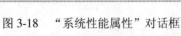

图 3-18　"系统性能属性"对话框　　　　图 3-19　"文件夹操作"对话框

（6）返回"系统性能属性"对话框，单击"停止条件"选项卡，选中"总持续时间"复选框，并进行设置（见图 3-20）。

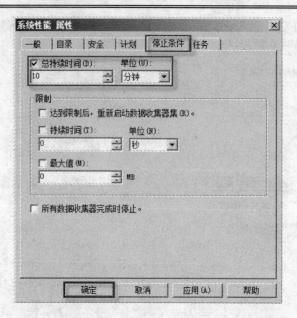

图 3-20　"停止条件"选项卡

　　（7）在"可靠性和性能监视器"窗口中，右击"系统性能"选项，在打开的快捷菜单中选择"开始"选项（见图 3-21），数据收集器集开始运行。

　　（8）一段时间后，单击"可靠性和性能"→"报告"→"用户定义"→"系统性能"→"20100923-0002"选项（见图 3-22），可看到数据收集器收集本次运行的系统性能数据，可以将在此得到的数据与前面的参考数值进行对比，如果一段时间之内多次运行的结果都超过了相关参考数值，则可考虑对系统进行优化或升级相关的硬件设备。

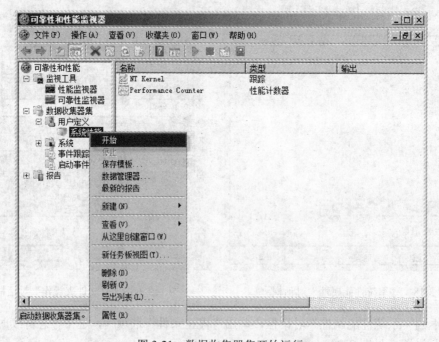

图 3-21　数据收集器集开始运行

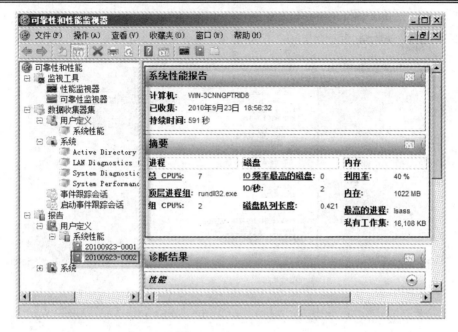

图 3-22　系统性能报告

3. 添加系统资源管理器功能

（1）在"服务器管理器"窗口中，单击"功能"→"添加功能"选项（见图 3-23）。

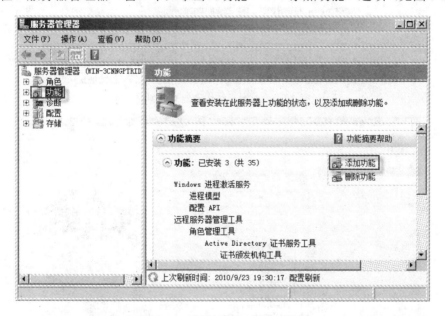

图 3-23　选择"添加功能"选项

　　（2）在打开的"功能"对话框中，选中"Windows 系统资源管理器"复选框，单击【安装】按钮（见图 3-24）。

　　（3）单击【添加必需的功能】按钮（见图 3-25），按向导提示，进行下一步操作，添加系统资源管理器功能（见图 3-26 和图 3-37）。

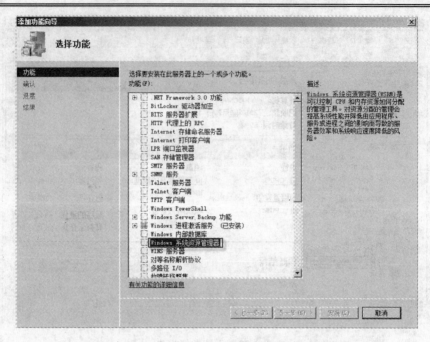

图 3-24　选中"Windows 系统资源管理器"复选框

图 3-25　添加系统资源管理器功能

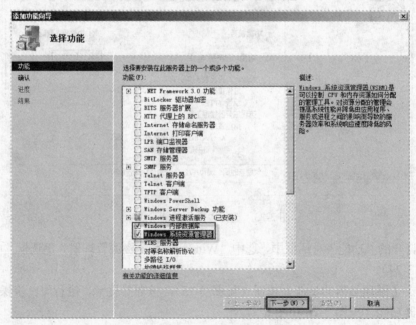

图 3-26　选择功能

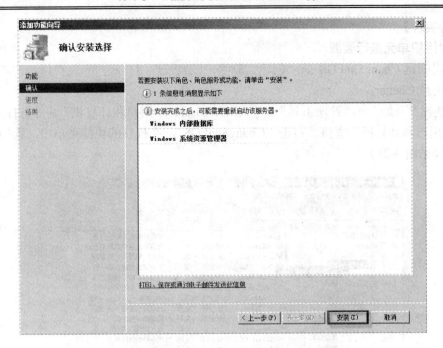

图 3-27 　 确认安装选择

任务 3：管理的委派

【项目任务】

管理的委派。

【技术要点】

管理的委派：一种让非管理员用户执行有限的并有高度针对性的简单管理工作的技术。它是 Active Directory 的一项重要功能，提供了成功管理 Active Directory 环境的手段。

1．委派的作用

针对众多分公司的存在，地理位置的分隔，加上人员的变动，造成系统管理员对各个分公司的具体运行情况往往不够了解等情况，可以将某些常见任务委派给某些特定的用户或组，以减少系统管理员的工作任务，提高工作效率。当然职权的委派也会带来一定的风险，所以只有在必需的情况下才能进行相关职权的委派，而且委派的对象一定是可信任的，否则就会面临管理混乱、信息泄露等危险。

2．常见的委派任务

在实际应用过程中可以通过委派控制向导：创建、删除和管理用户账户，重置用户密码并强制在下次登录时更改密码，读取所有用户信息，创建、删除和管理组，修改组成员身份，管理组策略链接，生成策略的结果集（计划），生成策略的结果集（记录），创建、删除和管理 InetOrgPerson 账户，重置 InetOrgPerson 密码并强制在下次登录时更改密码，读取所有 InetOrgPerson 信息这些常见任务。也可以通过"安全"选项卡的"高级"设置恢复为默认的非委派状态。当然更精确和复杂的委派任务还可以通过 dsacls.exe 命令行工具和 Windows Powershell 脚本进行。最后，所有的管理员账户应当标记为"敏感账户，不能被委派"，以免造成不必要的损失和管理混乱。

【任务实现】

1．对组织单元进行委派

将组织单元 ChangShaFGS 的"创建、删除，以及管理用户账户"及"用户密码重设"权限委派给用户 Chennr。

（1）选择"开始"→"管理工具"→"Active Directory 用户和计算机"命令，打开"Aetive Directory 用户和计算机"窗口，右击"ChangShaFGS"，在打开的快捷菜单中，选择"委派控制"选项（见图 3-28）。

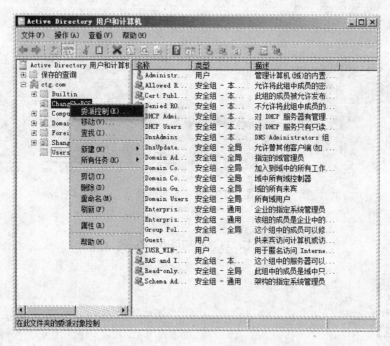

图 3-28 选择"委派控制"

（2）在"用户或组"对话框中，单击【添加】按钮（见图 3-29），在"选择用户、计算机或组"对话框中，单击【立即查找】按钮，选择用户或组（见图 3-30）。

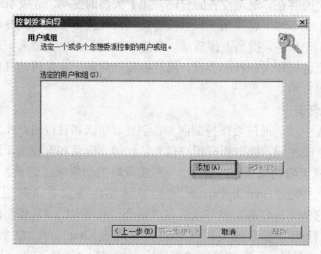

图 3-29 选择用户或组

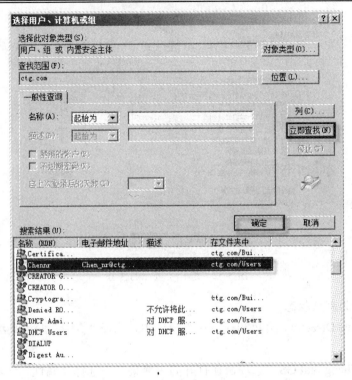

图 3-30　查找用户或组

（3）选定用户或组后（见图 3-31）单击【下一步】按钮，在打开的"要委派的任务"对话框中，选中"创建、删除和管理用户账户"和"重置用户密码并强制在下次登录时更改密码"复选框（见图 3-32），完成委派设置。

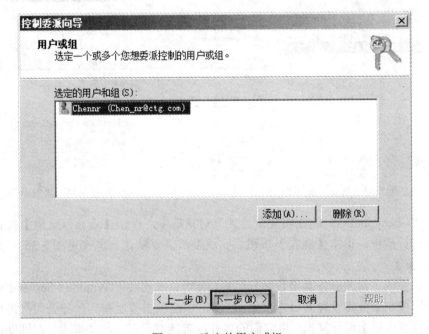

图 3-31　选定的用户或组

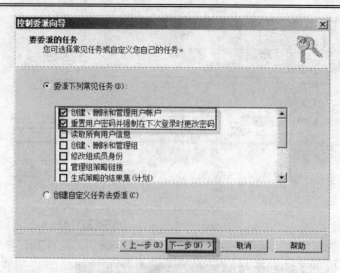

图 3-32　选择要委派的任务

2. 委派恢复为默认状态

（1）在 "Active Directory 用户和计算机" 窗口中，选择 "查看" → "高级功能" 选项（见图 3-33）。

（2）右击 "ChangShaFGS" 选项，在打开的快捷菜单中选择 "属性" 选项，打开 "安全" 选项卡，并单击【高级】按钮（见图 3-34）。

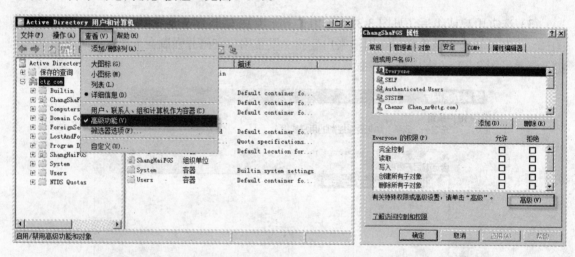

图 3-33　选择 "高级功能" 选项　　　　　　　　图 3-34　"安全" 选项卡

（3）在 "ChangShaFGS 的高级安全设置" 对话框中，单击【还原默认值】按钮，接着，按向导提示进行操作，单击【确定】按钮，完成委派恢复默认状态（见图 3-35 和图 3-36）。

【应用场景】

长科集团完成了新的服务器架设和升级后，公司总部安装了 Windows Server 2008 企业版，平台的辅助域控制服务器设置为日志收集器；将主域控制服务器和三个分公司升级后的只读域控制服务器设置成日志源计算机，将它们的事件日志转发到日志收集器上；在辅助域控制服务器上使用性能监视器，以查看其他计算机的性能计数器。

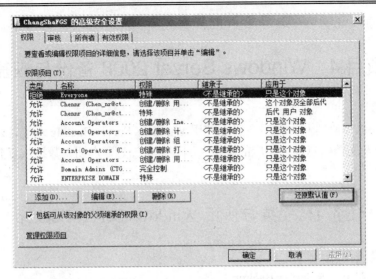

图 3-35　"ChangShaFGS 的高级安全设置"对话框

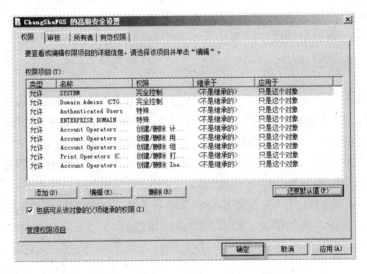

图 3-36　将委派恢复为默认状态

项目4　Windows Server 2008 备份与恢复

【项目情景】

CTG 计划在域控制器和文件服务器上使用 Windows Server Backup 功能，对系统信息、关键业务数据，以及文档信息进行相应的备份。制订备份计划，定期将数据恢复到指定位置上进行测试。

任务 1：安装与使用 Windows Server Backup

【项目任务】

安装与使用 Windows Server Backup。

【技术要点】

1. 数据备份

（1）完全备份：备份全部选中的文件夹，并不依赖文件的存档属性来确定备份哪些文件。（在备份过程中，任何现有的标记都被清除，每个文件都被标记为已备份，换言之即清除存档属性）。

完全备份就是对整个系统进行完全备份，包括系统和数据。这种备份方式的好处就是很直观，容易被人理解。而且当发生数据丢失的灾难时，只要使用备份文件就可以恢复丢失的数据。不足之处：首先，由于每天都对系统进行完全备份，因此在备份数据中有大量重复，这些重复的数据占用了大量的空间，这对用户来说就意味着增加成本；其次，由于需要备份的数据量相当大，因此备份所需时间较长。

（2）差异备份：复制自上一次普通备份或增量备份以来被创建或更改的文件的备份。它不将文件标记为已经备份（换句话说，没有清除存档属性）。

（3）增量备份：增量备份是针对于上一次备份（无论是哪种备份）。它备份上一次备份后，所有发生变化的文件。增量备份过程中，只备份有标记的选中的文件和文件夹，它清除标记，即备份后标记文件，换言之，清除存档属性。

（4）完全备份和差异备份策略。

在星期一进行完全备份，在星期二至星期五进行差异备份。如果在星期五数据被破坏了，则只需要还原星期一的完全备份和星期五的差异备份。这种策略备份数据需要较多的时间，但还原数据使用较少的时间。

（5）完全备份和增量备份策略。

在星期一进行完全备份，在星期二至星期五进行增量备份。如果在星期五数据被破坏了，则需要还原星期一的完全备份和从星期二至星期五的所有增量备份。这种策略备份数据需要较少的时间，但还原数据使用较多的时间。

2. 卷影复制技术

卷影复制（Volume Shadow Copy Service，VSS）是 Microsoft 在 Windows 2003 中开始引入的服务，实质上就是对现有的共享资源进行复制的技术，在使用卷影复制功能后，服务器（NTFS格式）会按指定的时间自动、不断地按时对共享文件夹的属性进行复制。当客户端对服务器中的共享资源进行了删除、更改、覆盖等操作后，如果想恢复原来的共享资源，就可以调用这些共享资源在服务器上使用"卷影复制"功能后产生的"版本"进行恢复了。

3．Windows Server Backup

它使用 VSS 来从源卷创建区块级别（Block-level）备份及增量备份。备份文件以微软虚拟磁盘（VHD）格式存储，这个文件能直接挂接到虚拟机或服务器上，但是它是不能引导的。

它不仅支持整个卷的备份，而且支持对单个文件或文件夹、system reserved、裸机恢复备份和图形状态下的系统状态备份，但是它不支持向一个磁带机备份，并且只支持基本磁盘、动态磁盘或被加 EFS 文件系统进行加密的磁盘。

它支持的备份目标还有 DVD 和网络共享。由于系统无法向一个网络共享或 DVD 执行卷影副本快照，所以这两类目标类型不允许在同一个目标上存储多个备份版本。此外，系统状态无法直接指向一个网络共享，它需要使用一个本地卷。

它无法将备份文件存储在备份对象所在卷，但系统状态除外。

注意： 在域环境下，我们不需要备份森林中的每一台域控制器，但出于备份冗余的考虑，应该至少在森林中的每个域备份两台可写入的域控制器。尽管只读域控制器的备份和还原被支持，但无法从只读域控制器进行权威还原，因为只读域控制器不会向其他域控制器复制变化。

Windows Server Backup 包括两个子功能：Windows Server Backup 和 Command-line Tool。Command-line Tool 是指一组 Windows PowerShelltm cmdlet 而非 wbadmin.exe 命令行工具。因此，如果选择安装这两个子功能，则必须安装 Windows Power Shell 功能。

Windows Server Backup 组件：

◈ MMC 用户界面（wbadmin.mcs）

◈ 命令行界面（wbadmin.exe）

◈ 备份服务（wbengine.exe）

◈ Windows PowerShell cmdlet 集

将该应用程序拆分为客户端和服务有若干好处，最重要的是提高了可靠性。无论是从 MMC 客户端还是从命令行界面启动备份，均由 wbengine 服务完成主要工作。客户端程序只报告备份的状态。因此，终止客户端不会导致备份中途停止。客户端将停止，而服务将继续完成。当然，如果确实想停止备份，也可以实现，但必须明确执行相应操作。此拆分的体系结构的另一好处是，可以使用客户端管理远程计算机上的备份。

4．系统状态备份和还原

系统状态备份仅包括选定的文件和某些应用程序数据库（而不是整个卷），它虽简单但通常却至关重要。备份工具只备份关键的系统卷（即恢复和重新启动操作系统及关键应用程序所必需的任何卷），这些关键系统卷等同于面向卷的系统状态备份。

应客户反馈的要求，Microsoft 向 Windows Server Backup 添加了系统状态备份和还原功能。该应用程序会创建多个 VHD 文件，每个托管系统状态数据的卷一个 VHD 文件，但它仅将必要的文件和数据库复制到 VHD 中。另一个问题是，当执行系统状态备份时，Windows Server Backup 并不创建目标卷的快照，这一点与正常的备份过程不同，每个系统状态备份生成一个全新的 VHD 文件集，这意味着没有基于快照的卷备份所具备的空间效率。

可以使用 wbadmin.exe 命令行程序执行系统状态备份（MMC 管理单元不提供此选项）。要执行系统状态备份，请使用以下命令：

     C:\> wbadmin start systemstatebackup - backuptarget:e:

查看前面的备份集，使用以下命令：

     C:\wbadmin get versions

还原备份：

     C:\wbadmin start systemstaterecovery –version:版本（即 get versions 显示出来的版本标识符）

wbadmin 会将关键系统文件和应用程序数据库备份至目标卷（在为系统状态备份而保留的文件夹中）。系统状态备份在具有默认目录信息树（DIT）的 32 位 Windows Server 2008 域控制器（DC）上运行时要稍大于 6GB（这比在 Windows Server 2003 上大 5GB），部分原因是 Windows Server Backup 捕获核心操作系统文件，而 NTbackup 并不捕获此类文件。

【任务实现】

1. 安装 Windows Server Backup 工具

（1）在服务器管理窗口中，右击"功能"选项，在打开的快捷菜单中选择"添加功能"选项，在"选择功能"对话框中，选中"Windows Server Backup 功能"复选框，单击【下一步】按钮（见图 4-1）。

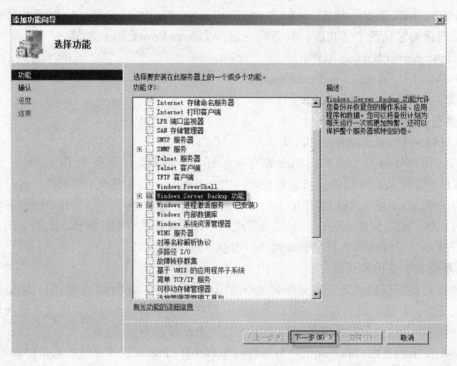

图 4-1　选择"Windows Server Backup 功能"复选框

（2）按向导提示，进行开始安装（见图 4-2）。

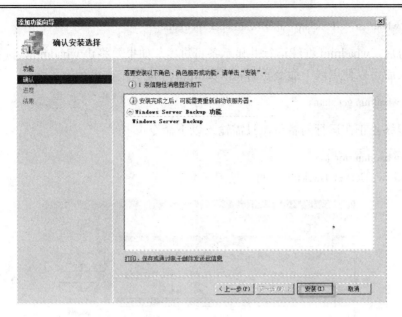

图 4-2　开始安装

2．执行一次完全备份

（1）执行"开始"→"所有程序"→"管理工具"→"Windows Server Backup"命令（见图 4-3），启动 Windows Server Backup 工具。

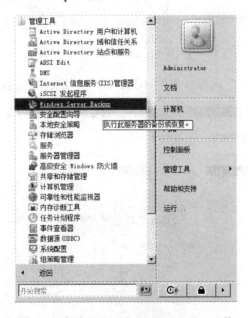

图 4-3　启动 Windows Server Backup 工具

命令行方式：

启动 wbengine 服务，随后会执行备份。输入以下命令：

```
C:\> wbadmin start backup - include:c:,d: - backuptarget:e:
```

若要备份所有关键的系统卷，可以输入以下命令：

```
C:\> wbadmin start backup - allcritical - backuptarget:e:
```

启动备份后，wbadmin 继续运行并显示备份进度。如果要终止 wbadmin，则备份将继续在后台执行。然后可以使用以下命令重新将 wbadmin 连接至正在运行的备份：

```
C:\> wbadmin get status
```

如果希望终止正在运行的备份，只需输入以下命令：

```
C:\> wbadmin stop job
```

（2）Windows Server Backup 界面（见图 4-4）。

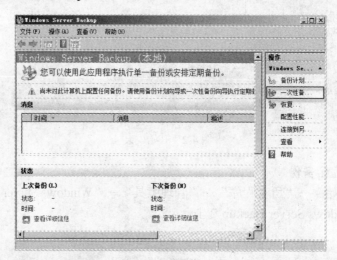

图 4-4　Windows Server Backup 界面

（3）单击"一次性备…"选项（见图 4-5），执行一次性完整备份。

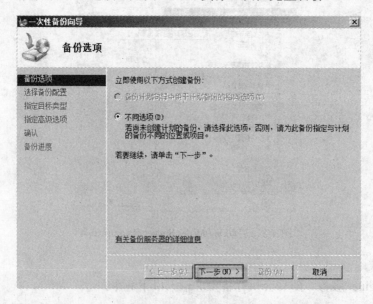

图 4-5　一次性备份向导开始

（4）按向导提示进行操作，在"选择备份项目"对话框中，选择备份项目（见图 4-6）。

（5）在"指定目标类型"对话框中，指定目标类型，选中"本地驱动器"单选按钮（见图 4-7）。

（6）在"指定高级选项"对话框中，选择需要使用 VSS 副本备份还是 VSS 完整备份，此处选择"VSS 完整备份"单选按钮（见图 4-8）。

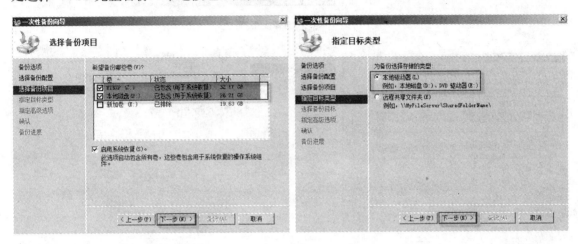

图 4-6　选择备份项目　　　　　　　　　　　　图 4-7　配置备份保存类型

（7）按向导提示，开始备份（见图 4-9）。

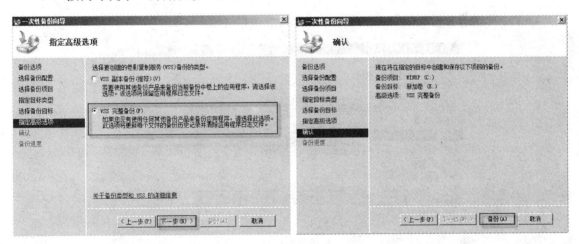

图 4-8　指定高级选项　　　　　　　　　　　　图 4-9　开始备份

3. 备份策略

在第一次完成备份系统后，要设置一个合理的备份策略，让系统动态、自动地完成备份。如果调整备份方式，可以打开目标备份任务计划的属性设置窗口，进入高级设置对话框，从中选用增量备份方式。

命令行方式：

```
C:\>wbadmin enable backup -addtarget:e:-include:c:,d: -schedule:06:00,12:00,18:00
```

（1）单击"配置性能"，在打开的"优化备份性能"对话框中，选中"始终执行增量备份"单选按钮（图 4-10）。

（2）在"选择备份配置"对话框中，选择要计划进行什么类型的配置，默认是"整个服务器"，这里选择"自定义"（见图 4-11）。

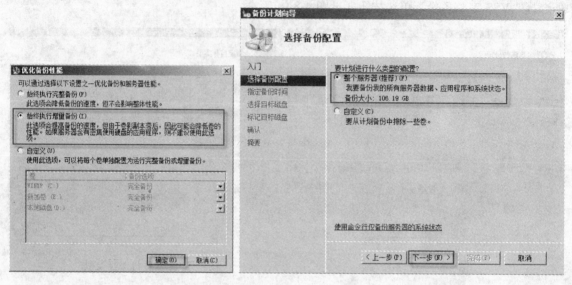

图 4-10　设置备份方式为增量备份方式　　　　　图 4-11　选择备份配置

（3）在"选择备份项目"对话框中，选择备份项目（见图 4-12）。

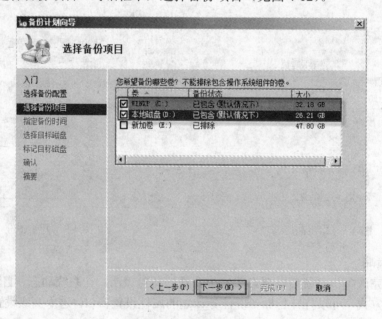

图 4-12　选择备份项目

（4）在"指定备份时间"对话框中，选择备份时间（见图 4-13）。

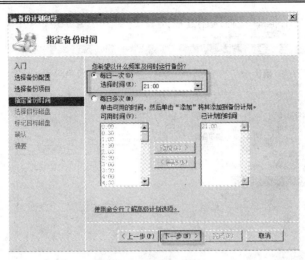

图 4-13　指定备份时间

（5）按向导提示，选择目标磁盘（见图 4-14 和图 4-15）。

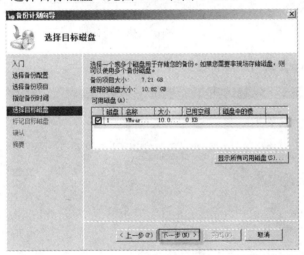

图 4-14　选择目标磁盘

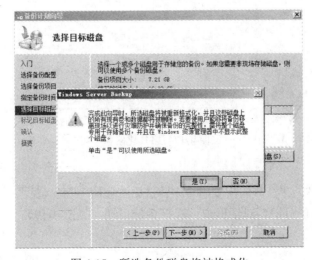

图 4-15　所选备份磁盘将被格式化

（6）在"确认"对话框中，确认创建备份计划（见图 4-16）。

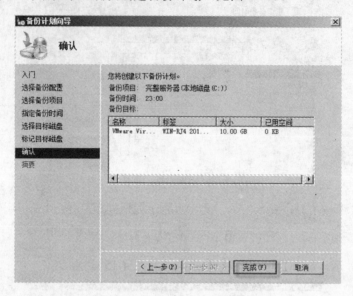

图 4-16　确认创建备份计划

（7）格式化磁盘，并成功创建备份计划（见图 4-17）。

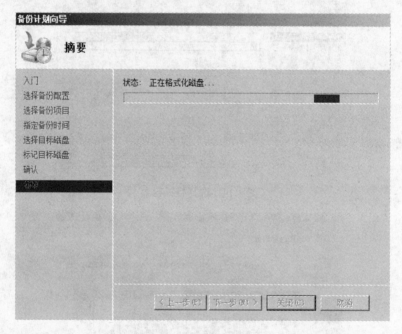

图 4-17　格式化磁盘

4．恢复备份

（1）单击"恢复"，在打开的恢复向导中，选中"此服务器"（见图 4-18），打开恢复向导。

（2）在"选择备份日期"对话框中，选择备份日期（见图 4-19）。

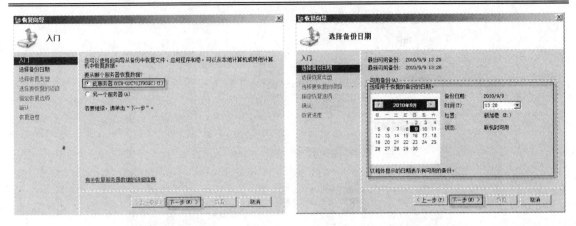

图 4-18　恢复向导　　　　　　　　　图 4-19　选择用于恢复的备份的日期

（3）在"选择回复类型"对话框中，选择恢复"文件和文件夹"单选按钮（见图 4-20）。

（4）按向导提示，选择需要恢复的项目（见图 4-21）。

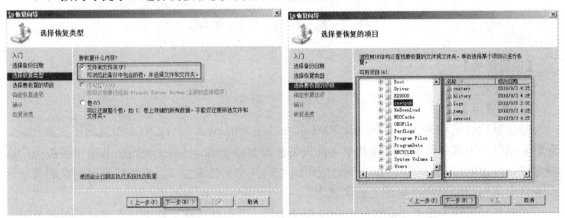

图 4-20　恢复"文件和文件夹"　　　　　　　图 4-21　选择要恢复的项目

（5）在"指定恢复选项"对话框中，指定恢复选项（见图 4-22）。

（6）按向导提示进行操作，开始进行恢复（见图 4-23）。

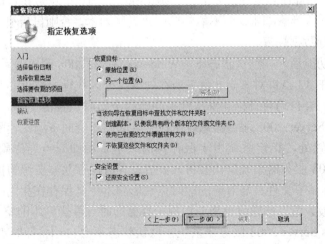

图 4-22　指定恢复选项

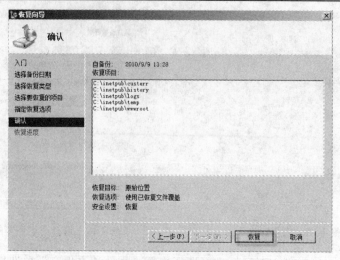

图 4-23　开始恢复

任务 2：应用卷影复制

【项目任务】

应用卷影复制。

【技术要点】

卷影复制功能从 Windows Server 2003 引入，在 Windows Server 2008 中得到了显著加强，卷影复制可以为服务器中的目标共享文件夹创建即时点副本，日后一旦发生共享资源被用户误删除或误修改的情况，可以尝试访问对应时间点的共享文件夹副本，来将特定时间点的共享内容恢复到误删除或误修改操作之前的状态。

在服务器系统中配置、安装好卷影复制功能后，必须在共享文件夹状态正常的时候及时创建好即时点副本，以后遇到目标共享内容被意外修改或删除时，局域网用户只需要在客户端系统打开共享文件夹的属性设置对话框，再进入其中的"以前的版本"选项设置页面，选择该页面中列出的某个时间点卷影副本，最后单击"还原"按钮就可以让目标共享资源实现"时光倒流"了。当然，在创建即时点卷影副本时，必须选择好时间点，尽量在目标共享文件夹每次发生重大变化时创建一次卷影副本，而不能频繁创建卷影副本，否则日后很难准确、快速地选择到合适的时间点进行数据恢复。

开启卷影复制功能后，在默认状态下，Windows Server 2008 服务器系统每天会自动约定，在上午 7 点钟和中午 12 点钟对共享文件夹所在的磁盘分区执行即时点卷影副本创建操作，也就是服务器系统每天会自动对目标共享文件夹创建两个即时点备份文件。

如果 Windows Server 2008 服务器系统所在主机的硬盘空间资源比较紧张，可以在设置窗口的"最大值"位置处，指定系统用于保存目标共享资源即时点卷影副本的最大空间量，Windows Server 2008 服务器系统默认会将该数值设置成保存共享资源的指定磁盘分区空间的 10%；当然如果目标共享文件夹与对应的即时点卷影副本不是保存在相同的磁盘分区中时，那么此时就可以将"最大值"参数设置为专门用于存储即时点卷影副本的整个磁盘卷空间大小。

此外，Windows Server 2008 服务器系统在默认状态下会自动将即时点卷影副本保存在与目标共享资源相同的磁盘分区中，很显然这不利于连续保存多个即时点卷影副本。为此，可以在设置窗口的"存储区域"位置处，自行调整即时点卷影副本的存储位置，尽量让其不和目标共享文件夹保存在相同的磁盘分区中；不过，只有在任何一个即时点卷影副本都还没有成功创建好的时候，才可以对它的存储位置进行调整；如果已经有即时点卷影副本存在，应该先将目标磁盘分区中的所有即时点卷影副本全部删除，之后才可以修改即时点卷影副本的存储位置。

【任务实现】

（1）找到保存目标共享文件夹所在的磁盘分区，右击该磁盘分区，在打开的快捷菜单中选择"属性"选项，在打开的对话框中，单击"卷影副本"选项卡（见图 4-24）。

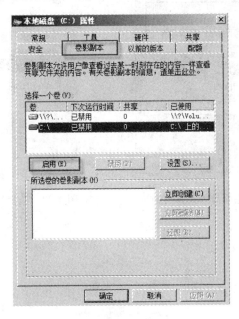

图 4-24 "卷影副本"选项卡

（2）单击【启用】按钮，在弹出的"启用卷影复制"对话框中，单击【是】按钮（见图 4-25），启用卷影复制。

（3）启用卷影复制功能后，单击【设置】按钮，设置相应参数（见图 4-26）。

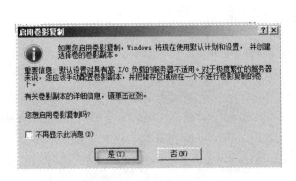

图 4-25 启用卷影复制 　　　　　　　　　图 4-26 "设置"对话框

（4）单击【计划】按钮，根据需要更改计划（见图 4-27）。

（5）单击【确定】按钮，选择卷影副本，进行还原（见图 4-28）。

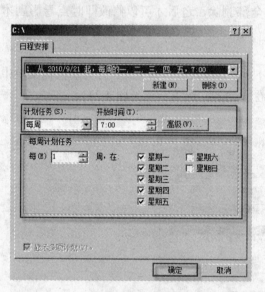

图 4-27　更改创建即时点卷影副本的操作时间

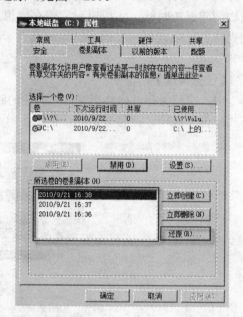

图 4-28　选择创建的还原时间点进行还原

项目 5　配置 Windows Server 2008 高级防火墙

【项目情景】

CTG 集团公司经营的各种业务系统都立足于 Internet/Intranet 环境。但是，Internet 所具有的开放性、国际性和自由性在增加应用自由度的同时，对安全提出了更高的要求。CTG 集团公司的系统管理员，已经意识到网络安全是最重要的问题之一，一旦网络系统安全受到严重威胁，甚至处于瘫痪状态，将会给整个公司带来巨大的经济损失。所以，公司决定在 Windows Server 2008 服务器上部署高级安全 Windows 防火墙保护公司内部网络，提高整个网络系统的安全控管功能。

任务：安装配置 Windows 防火墙

【项目任务】

安装配置高级安全 Windows 防火墙。

【技术要点】

防火墙是指设置在不同网络（如可信任的企业内部网和不可信的公共网）或网络安全域之间的一系列部件的组合。它是不同网络或网络安全域之间信息的唯一出入口，能根据企业的安全政策控制（允许、拒绝、监测）出入网络的信息流，且本身具有较强的抗攻击能力。它是提供信息安全服务，实现网络和信息安全的基础设施。在逻辑上，防火墙是一个分离器，一个限制器，也是一个分析器，有效地监控内部网和 Internet 之间的任何活动，保证内部网络的安全。

1．防火墙的功能

（1）防火墙是网络安全的屏障。

一个防火墙（作为阻塞点、控制点）能提高一个内部网络的安全性，并通过过滤不安全的服务而降低风险。由于只有经过精心选择的应用协议才能通过防火墙，所以网络环境变得更安全。防火墙同时可以保护网络免受基于路由的攻击，如 IP 选项中的源路由攻击和 ICMP 重定向中的重定向路径，防火墙可以拒绝所有以上类型攻击的报文并通知管理员。

（2）防火墙可以强化网络安全策略。

通过以防火墙为中心的安全方案配置，能将所有安全软件（如口令、加密、身份认证、审计等）配置在防火墙上。与将网络安全问题分散到各个主机上相比，防火墙的集中安全管理更经济。

（3）对网络存取和访问进行监控审计。

如果所有的访问都经过防火墙，那么，防火墙就能记录下这些访问并记录日志，同时也能提供网络使用情况的统计数据。当发生可疑动作时，防火墙能进行适当的报警，并提供网络是否受到监测和攻击的详细信息。另外，收集一个网络的使用和误用情况也是非常重要的。

（4）防止内部信息的外泄。

通过利用防火墙对内部网络的划分，可实现内部网重点网段的隔离，从而限制局部重点或敏感网络安全问题对全局网络造成的影响。再者，隐私是内部网络非常关心的问题，使用防火墙就可以隐蔽那些透露内部细节如 Finger，DNS 等服务。

除了安全作用，防火墙还支持具有 Internet 服务特性的企业内部网络技术体系 VPN。通过 VPN，将企事业单位在地域上分布在全世界各地的 LAN 或专用子网，有机地连成一个整体。

2. 防火墙的类型

防火墙技术可根据防范的方式和侧重点的不同而分为很多种类型，但总体来讲可分为两大类：分组过滤、应用代理。

◈ 分组过滤（Packet Filtering）：作用在网络层和传输层，它根据分组包头源地址、目的地址和端口号、协议类型等标志确定是否允许数据包通过。只有满足过滤逻辑的数据包才被转发到相应的目的地出口端，其余数据包则被从数据流中丢弃。

◈ 应用代理（Application Proxy）：也叫应用网关（Application Gateway），它作用在应用层，其特点是完全"阻隔"了网络通信流，通过对每种应用服务编制专门的代理程序，实现监视和控制应用层通信流的作用。

（1）分组过滤型防火墙。

分组过滤或包过滤是一种通用、廉价、有效的安全手段。它不针对各个具体的网络服务采取特殊的处理方式，大多数路由器都提供分组过滤功能，它很大程度上满足了企业的安全要求。

包过滤在网络层和传输层起作用。它根据分组包的源、宿地址，端口号及协议类型、标志确定是否允许分组包通过。所根据的信息来源于 IP、TCP 或 UDP 包头。包过滤的优点是不用改动客户机和主机上的应用程序，因为它工作在网络层和传输层，与应用层无关。但其弱点也是明显的：据此过滤判别的只有网络层和传输层的有限信息，因而各种安全要求不可能充分满足；在许多过滤器中，过滤规则的数目是有限制的，且随着规则数目的增加，性能会受到很大的影响；由于缺少上下文关联信息，不能有效地过滤如 UDP、RPC 一类的协议；大多数过滤器中缺少审计和报警机制，且管理方式和用户界面较差；另外，对安全管理人员素质要求高，建立安全规则时，必须对协议本身及其在不同应用程序中的作用有较深入的理解。因此，过滤器通常和应用网关配合使用，共同组成防火墙系统。

（2）应用代理型防火墙。

应用代理型防火墙是内部网与外部网的隔离点，起着监视和隔绝应用层通信流的作用。同时也常结合过滤器的功能。它工作在 OSI 模型最高层，掌握着应用系统中可作为安全决策的全部信息。

（3）复合型防火墙。

由于对更高安全性的要求，常把基于包过滤的方法与基于应用代理的方法结合起来，形成复合型防火墙产品。

◈ 屏蔽主机防火墙体系结构：在该结构中，分组过滤路由器或防火墙与 Internet 相连，同时一个堡垒机安装在内部网络，通过在分组过滤路由器或防火墙上过滤规则的设置，使堡垒机成为 Internet 上其他节点所能到达的唯一节点，这确保了内部网络不受未授权外部用户的攻击。

◈ 屏蔽子网防火墙体系结构：堡垒机放在一个子网内，形成非军事化区，两个分组过滤路由器放在这个子网的两端，使这个子网与 Internet 及内部网络分离。在屏蔽子网防火墙体系结构中，堡垒主机和分组过滤路由器共同构成了整个防火墙的安全基础。

3. 连接安全

连接安全包括在两台计算机开始通信之前对它们进行身份验证，并确保在两台计算机之间正在发送的信息的安全性。具有高级安全性的 Windows 防火墙包含了 Internet 协议安全（IPSec）技术，通过使用密钥交换、身份验证、数据完整性和数据加密（可选）来实现连接安全。

4．身份验证

身份验证方法针对通信开始之前验证身份的方法定义了要求。每个对等端按照方法列出的顺序尝试这些方法。双方必须至少有一个通用身份验证方法，否则通信将失败。创建多个身份验证方法可增加在两台计算机之间找到通用方法的机会。

5．密钥交换

若要启用安全通信，两台计算机必须能够获取相同的共享密钥（会话密钥），而不必通过网络发送密钥，也不会泄密。

Diffie-Hellman 算法（DH）是用于密钥交换的最古老且最安全的算法之一。双方公开交换密钥信息，任何一方都不交换实际密钥，但是，在交换密钥材料之后，每一方都能够生成相同的共享密钥。

双方交换的 DH 密钥材料可以是密钥材料，即 DH 组。DH 组的强度与从 DH 交换计算出的密钥强度成比例。提供较强安全性的 DH 组与较长的密钥长度结合使用，增加了确定密钥的计算难度。

具有高级安全性的 Windows 防火墙使用 DH 算法，为所有其他加密密钥提供密钥材料。DH 不提供身份验证。在实施 IPSec 的过程中，进行 DH 交换之后，会对标识进行身份验证，以防止中间人攻击。

6．数据保护

数据保护包括数据完整性和数据加密。数据完整性使用消息哈希来确保信息在传输过程中不会被更改。哈希消息验证代码（HMAC）对数据包签名，以验证所接收的信息与所发送的信息完全相同，这称为完整性，在通过不安全媒体交换数据时至关重要。

哈希是一种加密校验或消息完整性代码（MIC），每个对等端都必须通过计算才能验证消息。例如，发送计算机使用哈希功能与共享密钥计算消息的校验和，并将其包含在数据包中。接收计算机必须对所接收的消息和共享密钥执行相同的哈希功能，并将其与原始消息（包含在发送方的数据包中）相比较。如果消息已经在传输过程中更改，则哈希值会不同，并将拒收数据包。

7．Netsh advfirewall 命令行工具

Netsh 是可以用于配置网络组件设置的命令行工具。具有高级安全性的 Windows 防火墙提供 Netsh advfirewall 工具，可以使用它配置具有高级安全性的 Windows 防火墙设置。使用 Netsh advfirewall 可以创建脚本，以便自动同时为 IPv4 和 IPv6 流量配置一组具有高级安全性的 Windows 防火墙设置。还可以使用 Netsh advfirewall 命令显示具有高级安全性的 Windows 防火墙的配置和状态。

【任务实现】

1．启用 Windows 防火墙

（1）单击"开始"→"管理工具"→"高级安全 Windows 防火墙"选项（见图 5-1）。

（2）在打开的"高级安全 Windows 防火墙"窗口中单击"操作"→"属性"选项（见图 5-2）。

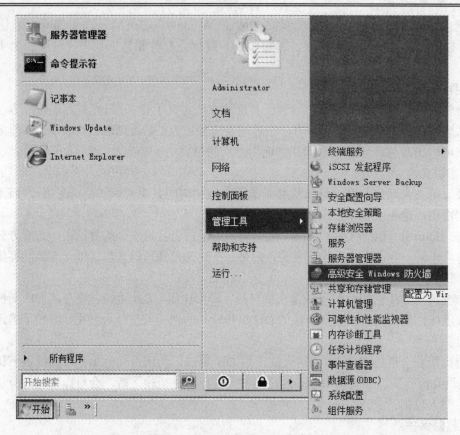

图 5-1　打开 Windows 防火墙

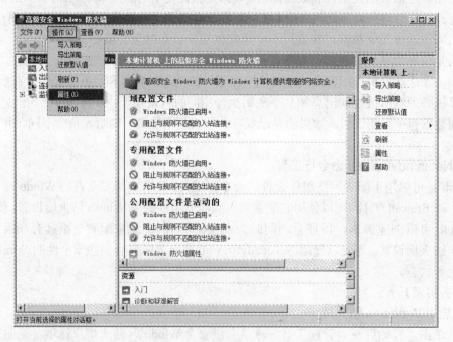

图 5-2　选择"属性"选项

（3）在打开的对话框中选择"公用配置文件"选项卡，在防火墙状态的下拉列表框中选择
"启用（推荐）"选项（见图 5-3），根据网络行为进行选择。

此时，Windows 防火墙启动成功（见图 5-4）。

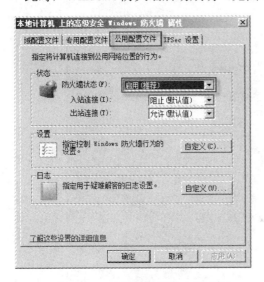

图 5-3　"公用配置文件"选项卡　　　　　　图 5-4　启用 Windows 防火墙

2. 配置 Windows 防火墙

（1）在"高级安全 Windows 防火墙"窗口中右击"入站规则"选项，在打开的快捷菜单中选择"新规则"选项（见图 5-5）。

图 5-5　选择"新规则"选项

（2）在"规则类型"对话框中，选中要创建的规则类型为"程序"，单击【下一步】按钮（见图 5-6）。

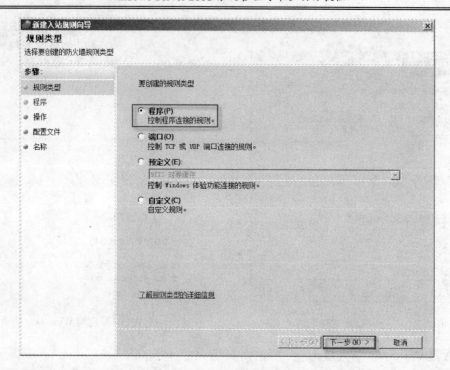

图 5-6　选择要创建的规则类型

（3）在"程序"对话框中，选中"此程序路径"单选按钮，单击【下一步】按钮（见图 5-7）。

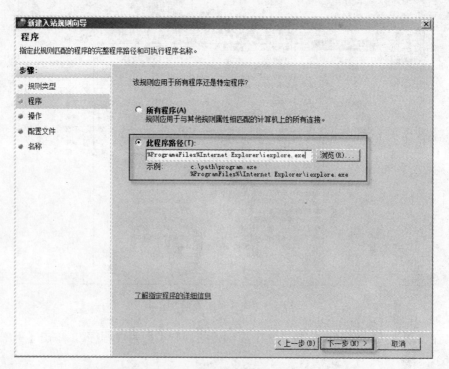

图 5-7　选中"此程序路径"单选按钮

（4）在"操作"对话框中，选中"允许连接"单选按钮，单击【下一步】按钮（见图 5-8）。

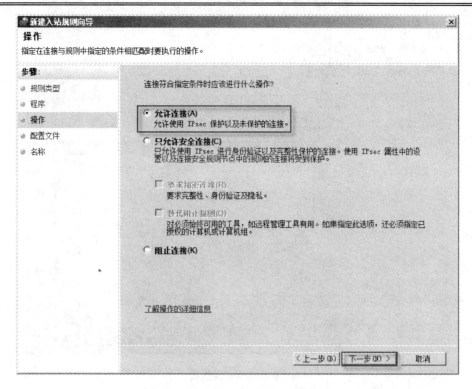

图 5-8　选中"允许连接"单选按钮

（5）在"配置文件"对话框中，选中"公用"复选框，单击【下一步】按钮（见图 5-9）。

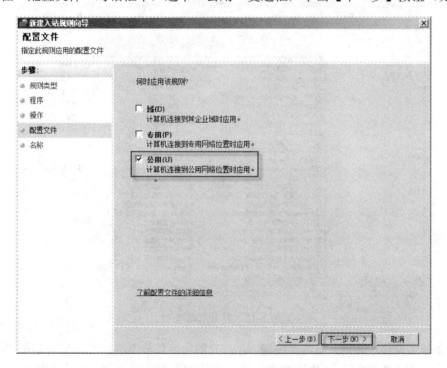

图 5-9　选中"公用"复选框

（6）在"名称"对话框中，为入站规则命名后单击【完成】按钮（见图 5-10）。

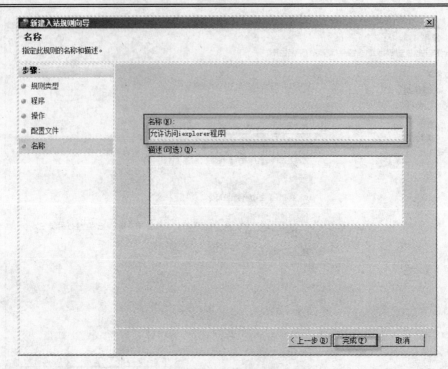

图 5-10　完成创建

（7）完成创建后，查看入站规则（见图 5-11）。

图 5-11　查看入站规则

（8）如果需要修改规则，右击此规则，在打开的快捷菜单中选择"属性"选项（见图 5-12），单击【程序和服务】按钮，创建该规则作用表示外部可以访问内部定制的程序。

图 5-12　修改入站规则

（9）建立出站规则，用来控制出站数据。右击"出站规则"选项，在打开的快捷菜单中选择"新规则"选项（见图 5-13）。

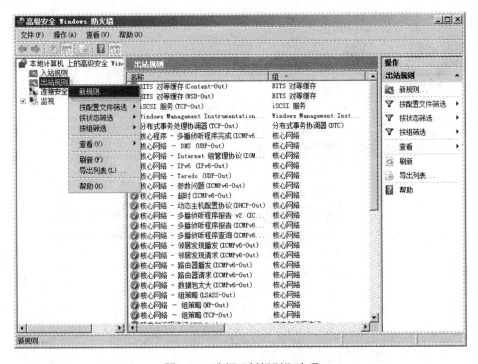

图 5-13　选择"新规则"选项

（10）在"规则类型"对话框中，选择要创建的规则类型，此处选中"端口"单选按钮，单击【下一步】按钮（见图 5-14）。

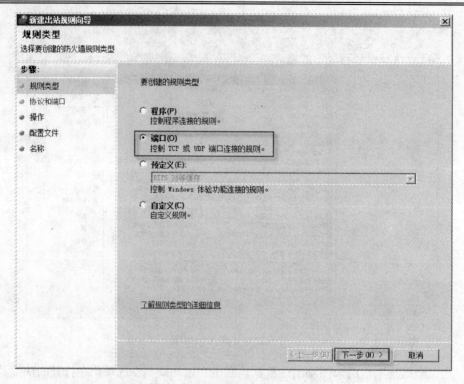

图 5-14　选中"端口"单选按钮

（11）在"协议和端口"对话框中，选中该规则应用于"TCP"协议及"特定本地端口"，单击【下一步】按钮（见图 5-15）。

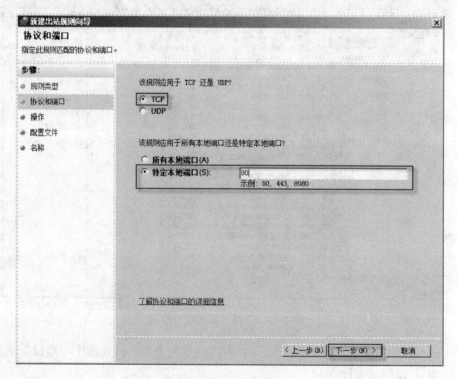

图 5-15　设置协议和端口

（12）在"操作"对话框中，选中"阻止连接"单选按钮，单击【下一步】按钮（见图5-16）。

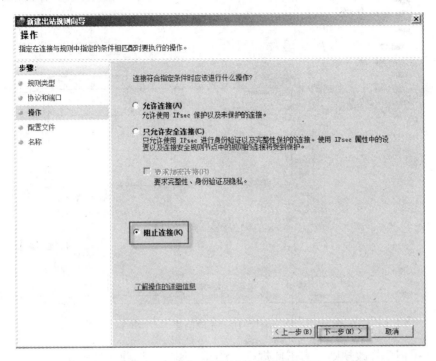

图 5-16　选中"阻止连接"　单选按钮

（13）在"配置文件"对话框中，选中"公用"复选框，单击【下一步】按钮（见图5-17）。

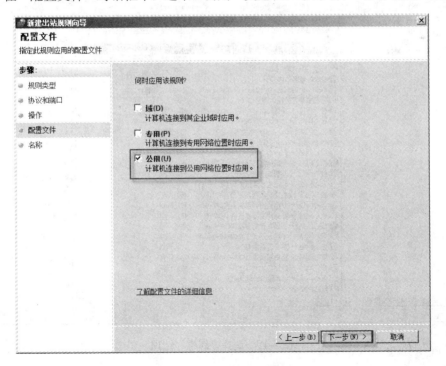

图 5-17　选中"公用"复选框

（14）在"名称"对话框中，设置好具体的"名称"后单击【完成】按钮（见图5-18）。

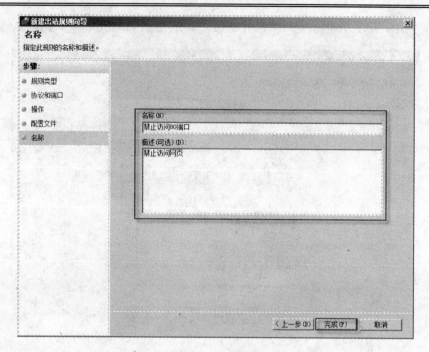

图 5-18　完成创建

（15）如果需要修改规则，右击此规则，选择"属性"选项（见图 5-19）。

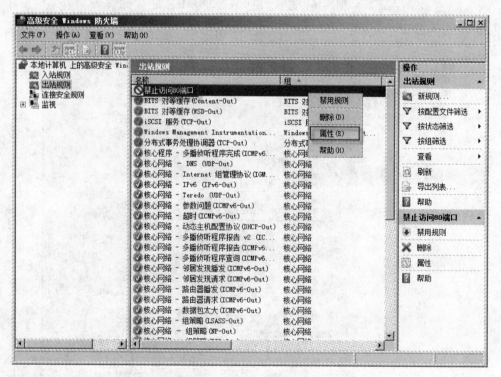

图 5-19　选择"属性"选项

（16）在打开的属性对话框中，单击"协议和端口"选项卡，重新设置协议和端口（见图 5-20）。创建该规则作用表示内部禁止访问外部特定的端口。

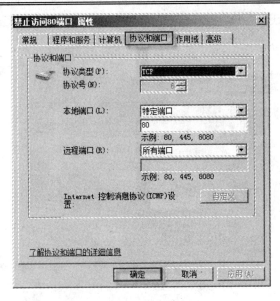

图 5-20　重新设置协议和端口

3. 配置连接安全规则

创建连接安全规则使得两台对等计算机在建立连接之前进行身份验证，保证两台计算机之间传输信息的安全性。高级安全 Windows 防火墙使用 IPsec 强制使用这些规则。

（1）在防火墙控制台上，右击"连接安全规则"选项，在打开的快捷菜单中选择"新规则"选项（见图 5-21）。

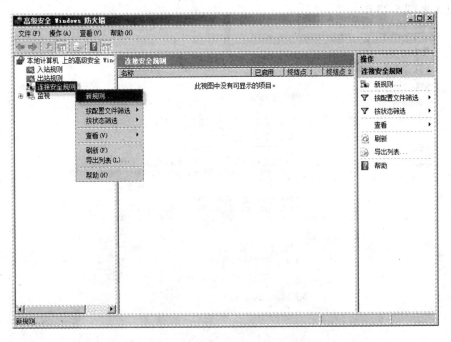

图 5-21　选择 "新规则"选项

（2）在"规则类型"对话框中，选中"隔离"单选按钮后单击【下一步】按钮（见图 5-22）。

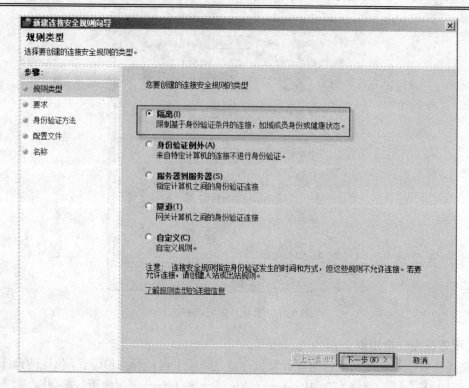

图 5-22　选中"隔离" 单选按钮

（3）在"要求"对话框中，选中"入站和出站连接请求身份验证"单选按钮后单击【下一步】按钮（见图 5-23）。

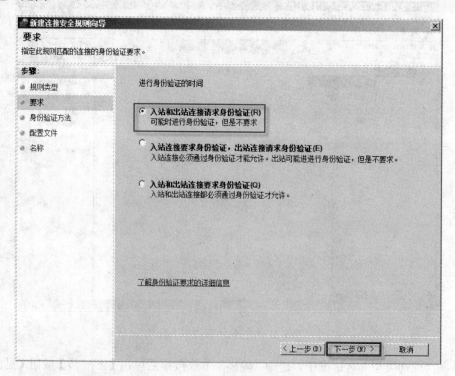

图 5-23　选中"入站和出站连接请求身份验证"单选按钮

（4）在"身份验证方法"对话框中，选中"默认值"单选按钮后单击【下一步】按钮（见图 5-24）。

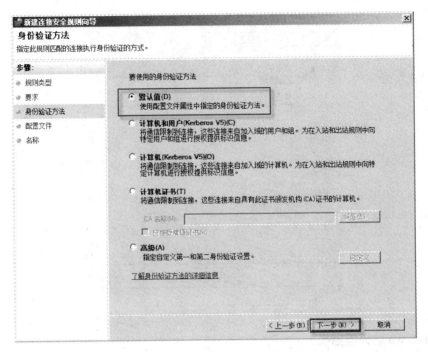

图 5-24　选中"默认值"单选按钮

（5）在"配置文件"对话框中，选中"公用"复选框后单击【下一步】按钮（见图 5-25）。

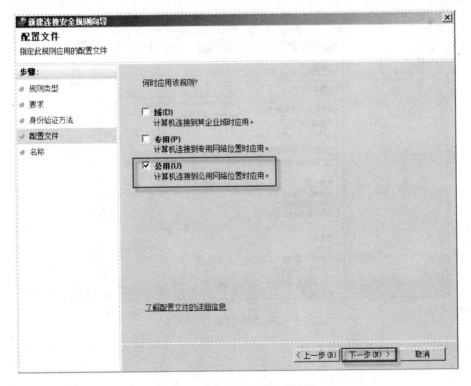

图 5-25　选中"公用"复选框

（6）如果需要修改连接安全规则，可右击此规则，选择"属性"选项，在打开的对话框中，修改相应的内容（见图 5-26）。

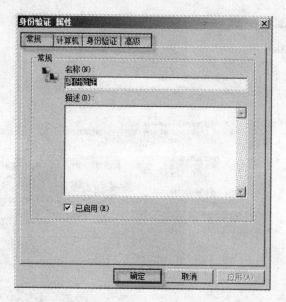

图 5-26　修改连接安全规则

4．Windows 防火墙监视

（1）在 Windows 防火墙控制台上，展开"监视"选项（见图 5-27）。

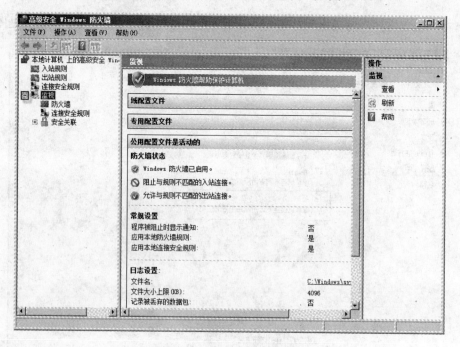

图 5-27　展开"监视"选项

（2）查看"防火墙"（见图 5-28）。

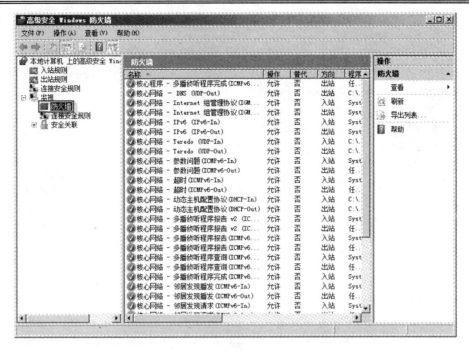

图 5-28　查看"防火墙"

（3）查看"连接安全规则"（见图 5-29）。

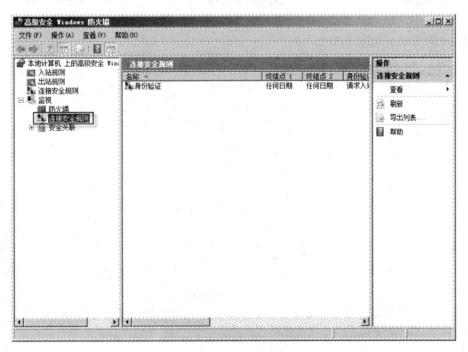

图 5-29　查看"连接安全规则"

（4）查看"安全关联"（见图 5-30）。

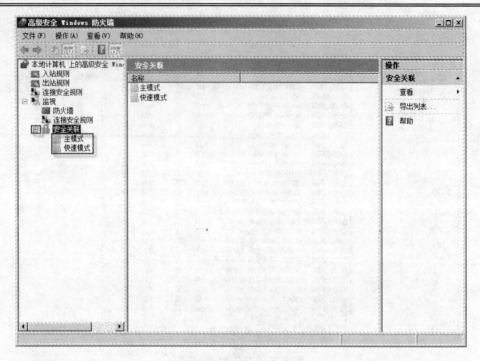

图 5-30　查看"安全关联"

5. 使用组策略管理高级安全 Windows 防火墙

在一个使用活动目录（AD）的企业网络中，为了实现集中管理，在组策略中配置高级安全 Windows 防火墙（见图 5-31）。

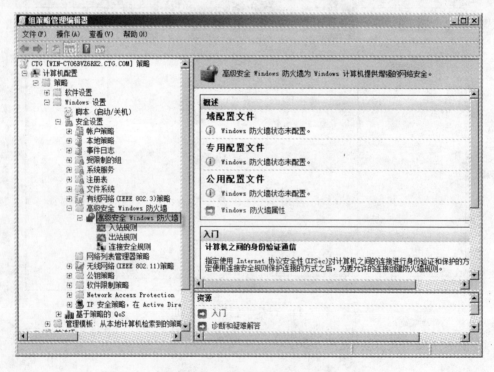

图 5-31　在组策略管理中配置高级安全 Windows 防火墙

本地系统管理员是无法修改和使用组策略配置的高级安全 Windows 防火墙这个规则的属性。

6. 使用 Netsh advfirewall 命令行工具

Netsh advfirewall 的命令非常多，这里介绍最常见的命令。

（1）consec（连接安全规则）命令。

这个连接规则可以创建两个系统之间的 IPSEC VPN。consec 能够加强通过防火墙的通信的安全性，而不仅仅是限制或过滤它（见图 5-32）。

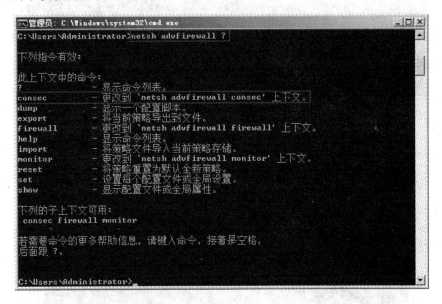

图 5-32　netsh advfirewall 的 consec 选项

（2）show 命令。查看防火墙现在的状况（见图 5-33）。

图 5-33　查看防火墙现在的状况

（3）export 命令。这个命令可以导出防火墙当前的所有配置到一个文件中。主要用于备份与恢复。

以下是一个应用示例（见图 5-34）。

```
netsh advfirewall export "c:\advfirewall.wfw"
```

图 5-34　导出防火墙当前的所有配置到一个文件中

（4）Firewall 命令。增加新的入站和出站规则或修改规则（见图 5-35）。

图 5-35　增加新的入站和出站规则或修改规则

增加一个针对 messenger.exe 的入站规则：

    netsh advfirewall firewall add rule name="allow messenger" dir=in program="c:\programfiles\messenger\msmsgs.exe" action=allow

删除针对本地 21 端口的所有入站规则：

    netsh advfirewall firewall delete name rule name=all protocol=tcp localport=21

（5）Import 命令。从一个文件中导入防火墙的配置（见图 5-36）。

图 5-36　从一个文件中导入防火墙的配置

（6）Reset 命令。重新设置防火墙策略到默认策略状态（见图 5-37）。使用这个命令务必谨慎。

图 5-37　重新设置防火墙策略到默认策略状态

（7）Set 命令。修改防火墙的不同设置状态，相关的上下文命令有 6 个（见图 5-38）。

图 5-38　修改防火墙的不同设置状态

防火墙关闭所有配置文件：

netsh advfirewall set allprofiles state off

在所有配置文件中设置默认阻挡入站并允许出站通信：

netsh advfirewall set allprofiles firewallpolicy blockinbound,allowoutbound

在所有配置文件中打开远程管理：

netsh advfirewall set allprofiles settings remotemanagement enable

在所有配置文件中记录被断开的连接：

netsh advfirewall set allprofiles logging droppedconnections enable

（8）Show 命令。查看所有不同的配置文件中的设置和全局属性（见图 5-39）。

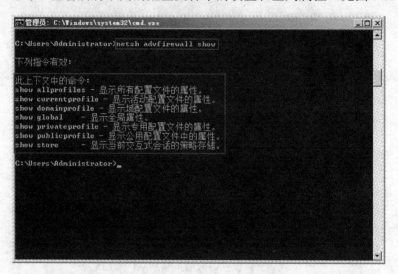

图 5-39　查看所有不同的配置文件中的设置和全局属性

【应用场景】

应用场景 1：规则启用计划

CTG 集团公司业务发展迅速，公司内部网络形成了一个巨大的局域网，为了保护网络安全，需要了解公司对内外的应用及所对应的源地址、目的地址、TCP 或 UDP 的端口，并根据不同应用的执行频繁程度对策率在规则表中的位置进行排序，然后才能实施配置。原因是防火墙进行规则查找时是顺序执行的，如果将常用的规则放在首位就可以提高防火墙的工作效率。另外，及时地从病毒监控部门得到病毒警告，并对防火墙的策略进行更新，也是制定策略所必要的手段。通常有些策略需要在特殊时刻被启用和关闭，比如凌晨 3:00。而对于网管员此时可能正在睡觉，为了保证策略的正常运作，可以通过规则启用计划来为该规则制定启用时间。另外，在一些企业中为了避开上网高峰和攻击高峰，往往将一些应用放到晚上或凌晨实施，如远程数据库的同步、远程信息采集等，遇到这些需求，网管员可以通过制订详细的规则和启用计划来自动维护系统的安全。

应用场景 2：日志监控

日志监控是十分有效的安全管理手段，往往许多管理员认为只要可以做日志的信息，都去采集，比如说对所有的告警或所有与策略匹配或不匹配的流量等，这样的做法看似日志信息十分完善，但可以想一下每天进出防火墙的数据报文有上百万甚至更多，如何在条目中分析所需要的信息呢？虽然有一些软件可以通过分析日志来获得图形或统计数据，但这些软件往往需要去二次开发或制定，而且价格不菲。所以只有采集到最关键的日志才是真正有用的日志。一般而言，系统的告警信息是有必要记录的，但对于流量信息是应该有选择的。有时候为了检查某个问题可以新建一条与该问题匹配的策略并对其进行观测。如内网发现蠕虫病毒，该病毒可能会针对主机系统某 UDP 端口进行攻击，网管员虽然已经将该病毒清除，但为了监控有没有其他的主机受感染，可以为该端口增加一条策略并进行日志来检测网内的流量。

应用场景 3：设备管理

　　对于企业防火墙而言，设备管理方面通常可以通过远程 Web 管理界面的访问及 Internet 外网口被 Ping 来实现，但这种方式是不太安全的，因为有可能防火墙的内置 Web 服务器会成为被攻击的对象。所以建议远程网管应该通过 IPsec VPN 的方式来实现对内端口网管地址的管理。

项目6　安装与配置终端服务器

【项目情景】

CTG 信息中心采用终端服务技术，为企业员工提供远程应用程序服务。RemoteApp 程序不需要像以前一样传输整个远程桌面，它们看来就像运行在最终用户的本地计算机上一样。用户可以像使用本地程序一样使用 RemoteApp 程序。终端服务的 RemoteApp 这种访问并不会在网络上传送大量数据，而只会将终端服务上的用户图像及图像的差别通过网络发送给客户端，而实际的运算仍然在终端服务器（见附件 A 图 4），由系统管理员负责实施。

任务 1：安装配置终端服务器

【项目任务】

安装配置终端服务器。

【技术要点】

1. 终端服务概念

终端服务（Terminal Services）：终端服务是在 Windows NT 中首先引入的一个服务。终端服务使用 RDP 协议（远程桌面协议）与客户端连接，使用终端服务的客户可以在远程以图形界面的方式访问服务器，并且可以调用服务器中的应用程序、组件、服务等，和操作本机系统一样。这样的访问方式不仅大大方便了各种各样的用户，而且大大地提高了工作效率，并且能有效地节约企业的成本。

2. 终端服务目的

终端服务的目的是为了实现集中化应用程序的访问。终端服务主要应用如下。

（1）应用程序集中部署：在客户端服务器（cls）网络体系中，如果客户端需要使用相同的应用程序，比如都要使用相同版本的邮件客户端、办公软件等，而客户端部署的操作系统又不尽相同，如 Windows XP、Vista 等，这时候如果网络规模很大，分别向这些客户端部署相同版本的应用软件需要大量重复的工作，而且需要考虑软件版本的兼容性问题。这时候如果采用终端服务可以很好地解决这个问题，客户端需要使用的应用软件只需在终端服务器上部署一次，无论客户端安装什么版本的操作系统，都可以连接到终端服务器使用特定版本的应用软件。

（2）分支机构方便利用：企业分支机构一般没有或者只有很少的专业 IT 管理员，企业如果向各个分支机构委派专门的网络管理员，无疑会为企业增加不小的开支。这时候如果分支机构的计算机采用终端服务的解决方案，统一连接到终端服务器应用特定软件，可以简化 IT 管理维护，减少维护成本和复杂程度。

（3）任意地点的安全访问：很多时候出差在外的员工需要应用某个特定的应用软件，如公司定制的财务软件等，这时候员工可以通过手机、笔记本等移动设备，在任意地点连接公司终端服务器进行应用。如在 Windows Server 2008 中，用户可以利用终端服务中的 TS Web Access 功能，没必要连接 VPN，仅仅通过 Web 方式即可访问企业终端服务器，并且可以获得良好的用户体验。此外，Windows Server 2008 中的终端服务具有网关功能（TS Gateway），可以裁决用户是否满足连接条件，并且可以确定用户可以连接哪些终端服务器，保证了安全性。

3．远程桌面

远程桌面是微软公司为了方便网络管理员管理维护服务器而推出的一项服务。网络管理员使用远程桌面连接程序连接到网络任意一台开启了远程桌面控制功能的计算机，就好像操作本地计算机一样，运行程序，维护数据库等。远程桌面从某种意义上类似于早期的 Telnet，它可以将程序运行等工作交给服务器，而返回给远程控制计算机的仅仅是图像、鼠标键盘的运动变化轨迹。

4．远程桌面与终端服务的联系与区别

（1）相同点

都是 Windows 系统的组件，都是由微软公司开发的。通过这两个组件可以实现用户在网络的另一端控制服务器的功能，操作服务器，运行程序就好像操纵自己本地计算机一样简单，速度也非常快。

（2）区别

◇ 远程终端服务允许多个客户端同时登录服务器，不管是设备授权还是用户授权都需要 CAL 客户访问授权证书，这个证书需要向微软公司购买；而远程桌面管理只是提供给操作员和管理员一个图形化远程进入服务器进行管理的界面（从界面上看和远程终端服务一样），远程桌面是不需要 CAL 许可证书的。

◇ 远程桌面是完全免费的，而终端服务只有 120 天的试用期，超过这个免费试用期就需要购买许可证了。

◇ 远程桌面最多只允许两个管理员登录进程，而终端服务没有限制，只要你购买了足够的许可证允想多少个用户同时登录一台服务器都可以。

◇ 远程桌面只能允许有管理员权限的用户登录，而终端服务则没有这个限制，什么样权限的用户都可以通过终端服务远程控制服务器，只不过登录后权限还是和自己的权限一致而已。

5．配置终端服务器

在规划终端服务器的部署时，有些配置设置会应用到整个终端服务器和协议的层面上，而我们需要进行的大部分配置设置都只需要应用到协议层面上。要在协议层面上修改设置，可打开"终端服务配置"控制台，该控制台位于"管理工具"菜单的"终端服务"子菜单下。随后右击"连接"区域的"RDP-Tcp"项，并选择"属性"即可。

在该对话框的"常规"选项卡，管理员可以配置安全层、加密级以及其他连接安全设置。安全层的默认设置是"协商"，而加密级别的默认设置是"客户端兼营"。"安全层"设置还可用于配置服务器的验证，也就是服务器向客户端证明自己身份的方法。"加密级别"选项可用于保护终端服务器的内容不被第三方窃听。对于该功能，有下列四个选项可用：

（1）高：该级别的加密使用 128 位密钥，可被 Windows RDP 客户端支持。

（2）符合 FIPS 标准：该级别将使用联邦信息处理标准（Federal Information Process Standard，FIPS）140-1 所认可的加密方法。

（3）客户端兼容：该方法会通过与客户端进行协商，确定并使用客户端可支持的最高密钥。

（4）低：从客户端发往服务器的数据被使用 56 位密钥加密，从服务器发往客户端的数据完全不被加密。

"RDP-Tcp 属性"对话框的"安全"选项卡可供决定哪组用户能够访问终端服务器，以及可进行何种级别的访问。而"会话"选项卡中，还可决定终端服务器允许活动连接持续多长时间，

以及对于空闲和已断开会话应该如何处理。"远程控制"选项卡,对于已连接会话,管理员可进行何种管理的控制,这样即可确保远程控制会话,尤其是被支持人员所用的会话,只有在已连接用户提供了许可,允许支持人员进行连接的情况下可以发起。"网络适配器"选项卡可供管理员限制到终端服务的活动连接的数量,并可用于指定客户端的连接将使用哪个适配器。

在大型终端服务器部署工作中,并不需要针对每台服务器分别配置 RDP-TCP 连接设置及终端服务器属性。这些设置也可通过 Active Directory 进行应用,所有相关选项都位于组策略的【计算机配置】|【策略】|【管理模板】|【Windows 组件】|【终端服务】|【终端服务器】节点下,该节点下还可包含多个子节点,所对应的功能都可和直接针对服务器设置的选项相对应。

6. 终端服务会话 Broker

一台终端服务器只能提供有限数量的客户端连接,随后就会因为资源耗尽而导致客户端感觉到强烈的性能问题。终端服务会话 Broker(TS 会话 Broker)角色服务可简化扩容导致的麻烦,并使得负载可在一组终端服务器之间进行平衡,并将客户端重新连接到组中原有会话所在的服务器上。一组终端服务器称为一个"场",要将终端服务器加入到场,实际上只需要指定 TS 会话 Broker 服务器的地址和场的名称,并根据服务器的容量决定该服务器在场中的相对权重,随后该服务器就可以加入会话 Broker 负载平衡服务中。

7. 终端服务网关

TS 网关可让 Internet 客户端用安全、加密的方法访问位于企业防火墙内部的终端服务器,而不需要部署虚拟专业网络(VPN)解决方案。可让用户在家里就能与企业桌面或应用程序进行交互,而不需要配置 VPN,也不需要使用来自不同供应商的网络地址转换(NAT)网关或防火墙。TS 网关需要通过 RDP 协议使用安全超文本传输协议(HTTPS)。

【任务实现】

1. 部署终端服务器

(1)在"服务器管理器"窗口中,单击【添加角色】按钮(见图 6-1)。

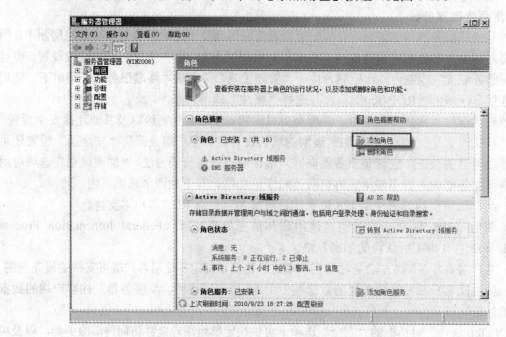

图 6-1　单击【添加角色】按钮

（2）在"服务器角色"对话框中，选中"终端服务"复选框，单击【下一步】按钮（见图 6-2）。

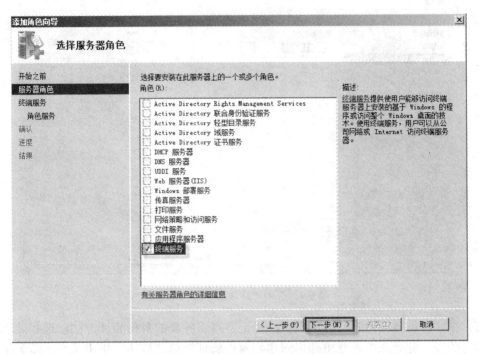

图 6-2 选中"终端服务"复选框

（3）此时，可能会看到一则警告信息，建议将终端服务器与 Active Directory 域服务安装在一起。此处选择"始终安装终端服务器（不推荐）"（见图 6-3）。

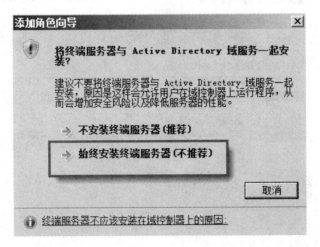

图 6-3 警告信息

（4）在"角色服务"对话框中，选中"终端服务器"复选框，单击【下一步】按钮（见图 6-4）。

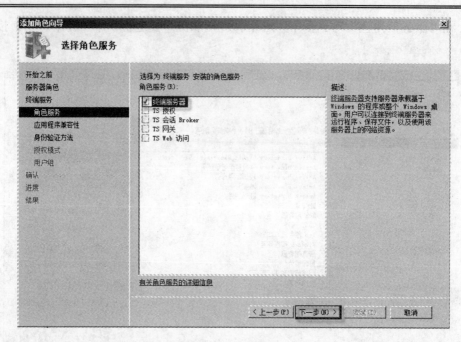

图 6-4　选中"终端服务器"复选框

（5）在"身份验证方法"对话框中，指定终端服务器的身份验证方法，选择要求使用网络级身份验证。此处选中"要求使用网络级身份验证"单选按钮，单击【下一步】按钮（见图 6-5）。

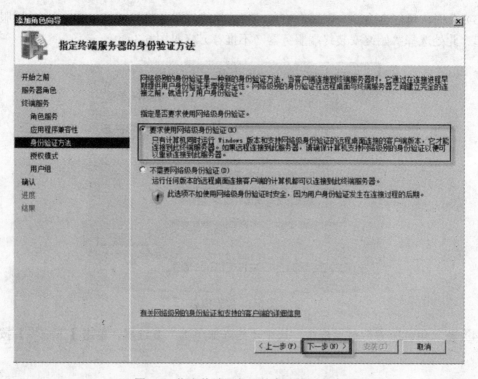

图 6-5　指定终端服务器的身份验证方法

（6）在"授权模式"对话框中，选中"每用户"单选按钮，单击【下一步】按钮（见图 6-6）。

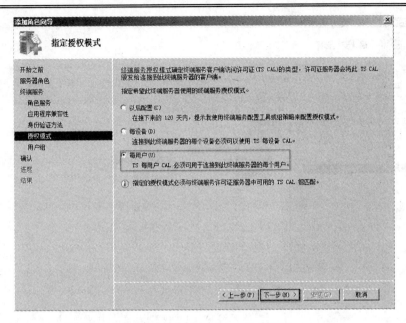

图 6-6 选中"每用户"单选按钮

（7）在"用户组"对话框中，选择允许访问此终端服务器的用户组，确保 Administrators 被选中（见图 6-7），单击【下一步】按钮。

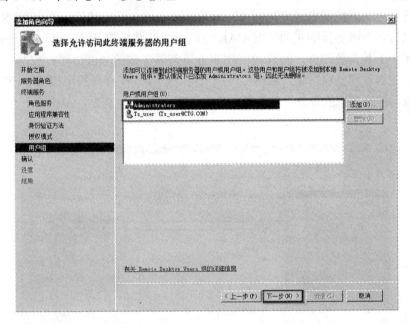

图 6-7 选择允许访问此终端服务器的用户组

（8）在"确认"对话框中单击【安装】按钮（见图 6-8），安装完成后，询问是否重启系统，单击【是】按钮，服务器重启完毕后，超级用户登录成功，会自动启动恢复配置向导，并完成"终端服务器"角色的配置工作。

说明： 在安装过程最后，可能会看到一则警告信息，提醒我们在 120 天后，终端服务会停止工作，请忽略该警告，在实际应用中，我们应配置许可证服务器，也就是安装 TS 授权角色组件。

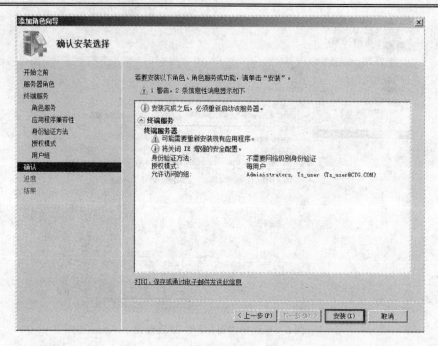

图 6-8　安装终端服务器

2. TS 授权

连接到终端服务器的所有客户端需要一种称为终端服务客户端访问许可（TS CAL）的特殊授权，不包含在为服务器购买的标准 CAL 授权内。这些授权是通过许可证服务器管理的，而该服务器属于一种角色组件，可作为终端服务器部署工作的一部分进行安装。

（1）在服务器管理器窗口中，右击"终端服务"选项，在打开的快捷菜单中选择"添加角色服务"选项，打开"角色服务"对话框，选中"TS 授权"复选框，单击【下一步】按钮（见图 6-9）。

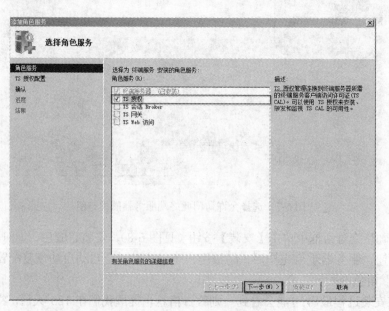

图 6-9　选中"TS 授权"复选框

（2）在"TS 授权配置"对话框中选中"此工作组"单选按钮，单击【下一步】按钮（见图 6-10）。许可证服务器的搜索范围决定了哪些终端服务器和客户端可以自动发现该许可证服务器。由于没有建立域，故只能在工作组中创建。

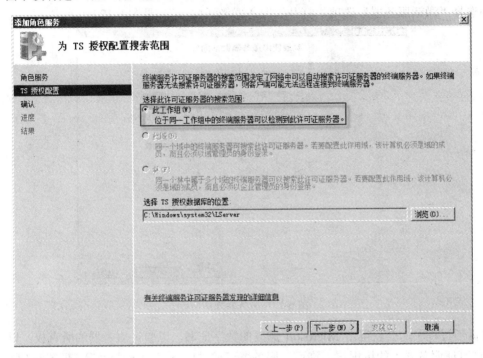

图 6-10 选中"此工作组"单选按钮

（3）在"确认"对话框中单击【安装】按钮（见图 6-11），完成终端服务 TS 授权安装。

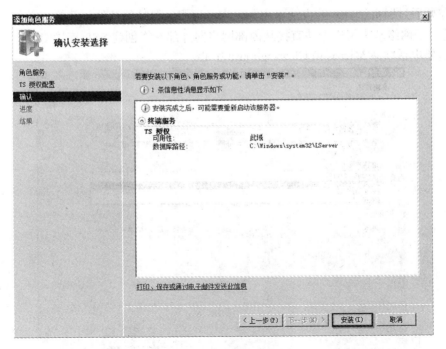

图 6-11 TS 授权安装

（4）TS 授权在 TS 许可证服务器颁发 CAL 之前，还必须使用类似 Windows 产品激活的机制，将该服务激活。具体操作过程：单击"开始"→"管理工具"→"终端服务"→"TS 授权管理器"选项，进入 TS 授权管理器，选择服务器，右击"WIN2008"选项，在打开的快捷菜单中选择"激活服务器"选项，打开"服务器激活向导"（见图 6-12）。

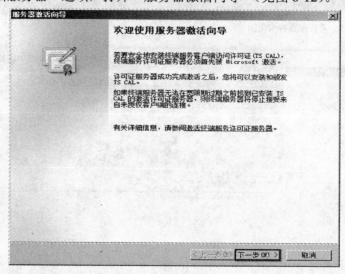

图 6-12 服务器激活向导

在激活过程中，会获得由 Microsoft 颁发的数字证书，以验证服务器的所有权，以及安装在 TS 许可证服务器上的标识符，许可证服务器可通过以下三种方法激活（见图 6-13）。

◈ 通过向导方式，该方法必须要求服务器使用 SSL 连接直接访问 Internet，这也就意味着在某些防火墙配置下可能无法使用。

◈ 需要通过网页进行，该方法可用于在许可证服务器外的其他计算机上操作，因此非常适合于网络基本架构无法直接从内部网络向外部网络创建 SSL 连接的环境。

◈ 需要电话联系 Microsoft Clearinghouse 中心。

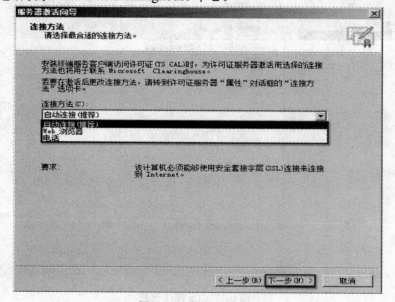

图 6-13 安装 TS 授权

3. 配置终端服务

（1）在"服务器管理器"窗口中，选择"终端服务"→"终端服务配置：WIN2008"选项（见图 6-14）。

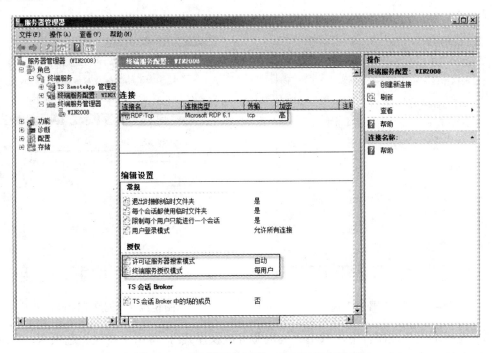

图 6-14 "终端服务配置：WIN2008"选项

（2）右击"RDP-Tcp"选项，在打开的快捷菜单中选择"属性"选项，打开"常规"选项卡，将"加密级别"设置为"高"（见图 6-15）。

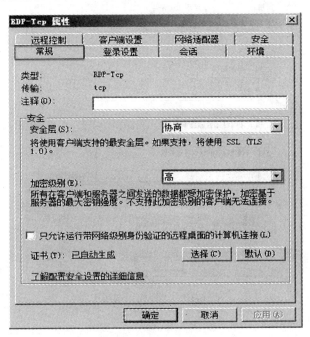

图 6-15 "常规"选项卡

（3）单击"远程控制"选项卡，选择"使用具有下列设置的远程控制"单选按钮，确保选中"需要用户权限"复选框，并在下方的"控制级别"选中"查看会话"单选按钮（见图6-16）。

（4）单击"网络适配器"选项卡，选中"最大连接数"单选按钮，设置值为"15"（见图6-17）。

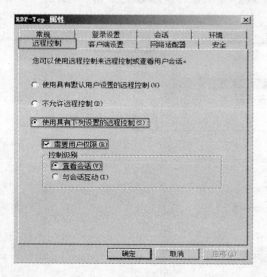

图6-16　"远程控制"选项卡

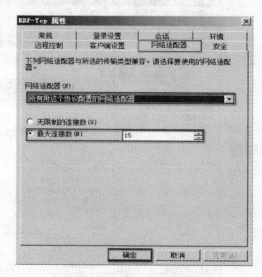

图6-17　"网络适配器"选项卡

（5）在终端服务控制台中，双击"终端服务授权模式"，单击"授权"选项卡，并选择指定终端服务模式为"每用户"，在指定许可证服务器搜索模式中，选择"使用指定的许可证服务器"，并输入服务器的地址（见图6-18）。

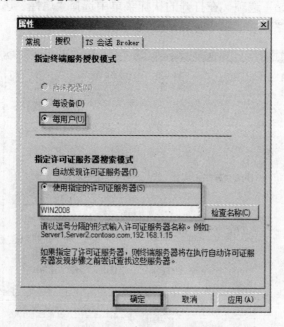

图6-18　"授权"选项卡

【测试验证】

（1）在服务器管理器窗口中，单击"配置"→"用户"选项，创建一个用户账户 Ts_User，将 Ts_User 用户添加到 Remote Desktop Users 组中。

（2）单击"开始"→"运行"选项，在打开的"运行"对话框中输入"Gpedit.msc"命令，单击"本地计算机策略"→"计算机配置"→"Windows 设置"→"安全设置"→"本地策略"→"用户权限分配"→"通过终端服务允许登录"→"添加用户和组"选项，然后添加 Remote Desktop Users 组，最后在命令行中运行 Gpupdate.exe 刷新组策略。

（3）在客户端单击"远程桌面连接"选项，输入计算机和用户名（见图 6-19），单击【连接】按钮，就可以成功登录了。

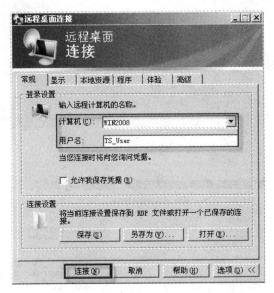

图 6-19　远程桌面连接

任务 2：安装"TS Web"访问

【项目任务】

安装"TS Web"访问。

【技术要点】

终端服务 Web 访问（TS Web 访问）使用客户端可通过网页链接到终端服务器，而不需要在"远程桌面连接"客户端软件中输入终端服务器的地址。Windwos Server 2008 中的 TS Web 访问并不需要通过 ActiveX 控件提供 RDC 连接，而是需要使用已经安装在客户端计算机上的 RDC 客户端软件。

TS Web 访问必须安装在提供此类访问服务的终端服务器上，同时要部署 TS Web 访问，不仅需要在服务器上安装"TS Web 访问"服务器角色，还需要安装"Web 服务器"（IIS）角色及一个称为"Windows 进程激活服务"的功能。

【任务实现】

（1）在"服务器管理器"窗口中，右击"终端服务器"选项，在打开的快捷菜单中选择"添加角色服务"选项，在"角色服务"对话框中选中"TS Web 访问"复选框（见图 6-20）。

（2）此时，弹出"是否添加 TS Web 访问所需的角色服务？"对话框，单击【添加必需的角色服务】按钮（见图 6-21），接着再单击【下一步】按钮。

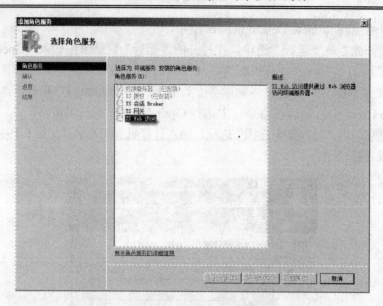

图 6-20　选择角色服务

图 6-21　消息对话框

（3）在打开的"确认"对话框中，单击【安装】按钮（见图 6-22），安装完成后需要重新启动。

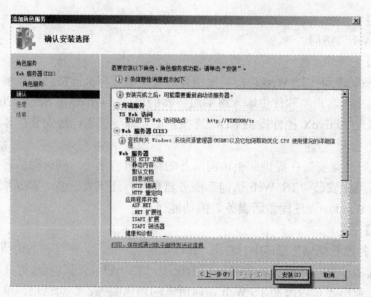

图 6-22　安装 TS Web 访问

（4）在客户端，打开 IE，输入 http://192.168.1.1/ts、用户名"TS_User"和密码。

（5）忽略出现的所有警告信息，并安装终端服务器客户端，在"Ts Web 访问"网页中单击"远程桌面"选项（见图6-23）。

注意：信任站点在成功创建连接后，还需要在 I E 中配置 TS Web 访问站点为 Intranet。

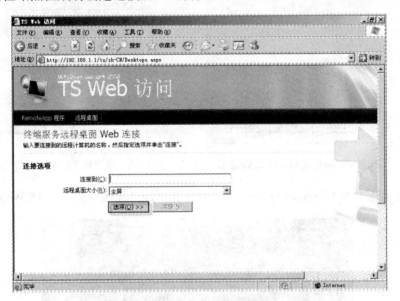

图 6-23　客户端 TS Web 远程桌面访问界面

在"连接到"文本框中输入"WIN2008"，单击【选项】按钮，在打开的窗口中单击【连接】按钮（见图6-24）。

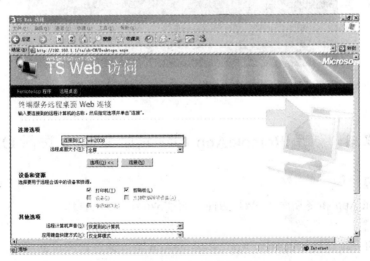

图 6-24　客户端 TS Web 远程桌面访问界面

出现连接提示（见图6-25），单击【连接】按钮，然后弹出"安全警告"（见图6-26），单击【是】按钮。

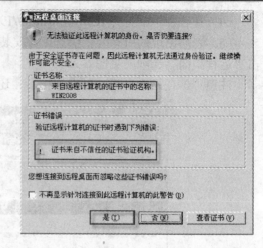

图 6-25　客户端 TS Web 远程桌面访问提示　　　　图 6-26　客户端 TS Web 远程桌面访问警告信息

最后登录远程桌面 Windows Server 2008 服务器系统（见图 6-27），"TS Web"访问成功。

图 6-27　客户端 TS Web 远程登录到远程 Windows Server 2008 服务器系统

任务 3：使用 RemoteApp 和终端服务 Web 访问 Office

【项目任务】

使用 RemoteApp 和终端服务 Web 访问部署 "Word" 应用程序。

【技术要点】

虚拟化中的一项新技术 RemoteApp，RemoteApp 可以通过远程桌面服务远程访问程序，就好像在本地计算机上运行一样，这些程序称为 RemoteApp 程序。RemoteApp 程序与客户端的桌面集成在一起，而不是在远程桌面会话主机（RD 会话主机）服务器的桌面中向用户显示。RemoteApp 程序在可调整大小的窗口中运行，可以在多个显示器之间拖动，并且在任务栏中有自己的条目。如果用户在同一个 RD 会话主机服务器上运行多个 RemoteApp 程序，则 RemoteApp 程序将共享同一个远程桌面服务会话。

用户可以通过多种方式访问 RemoteApp 程序：

（1）使用远程桌面 Web 访问（RD Web 访问）。

（2）由管理员创建并分发的远程桌面协议（.rdp）文件。

（3）在桌面或开始菜单上，双击由管理员使用 Windows Installer（.msi）程序包创建并分发的程序图标。

（4）扩展名与 RemoteApp 程序关联的文件。这可以由管理员使用 Windows Installer 程序包进行配置。

rdp 文件和 Windows Installer 程序包包含运行 RemoteApp 程序所需的设置。在本地计算机上打开 RemoteApp 程序之后，用户可以与正在 RD 会话主机服务器上运行的该程序进行交互，就好像它们在本地运行一样。

RemoteApp 可以降低复杂程度并减少管理开销，包括如下方面：

（1）分支机构，其本地 IT 支持和网络带宽可能有限。

（2）用户需要远程访问程序的情况。

（3）部署行业（LOB）程序，尤其是自定义 LOB 程序。

（4）没有为用户分配计算机的环境。

（5）如果部署某个程序的多个版本，在本地安装多个版本时可能会造成冲突。

【任务实现】

（1）在服务器管理器窗口中，单击"终端服务"→"TS RemoteApp 管理器"选项（见图 6-28），进入终端服务器配置控制台。

（2）单击"添加 RemoteApp 程序"选项，进入 RemoteApp 程序安装向导，选择"Microsoft Office Word 2003"应用程序（见图 6-29）。

（3）在客户端 IE 的地址输入：http://192.168.1.1/ts，打开"TS Web 访问"的"RemoteApp 程序"网页（见图 6-30），单击"Microsoft Office Word 2003"选项。

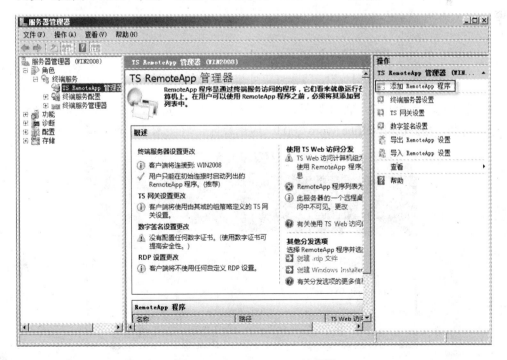

图 6-28　TS RemoteApp 管理器

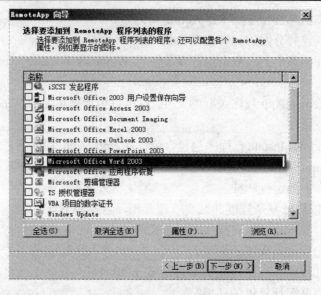

图 6-29　RemoteApp 向导

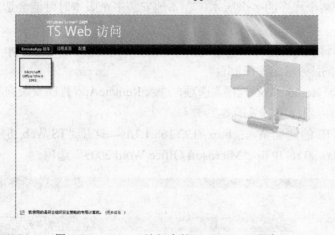

图 6-30　TS Web 访问中的 RemoteApp 程序

（4）进入远程程序启动画面（见图 6-31），弹出远程启动提示信息，输入用户账号、密码，进入远程启动"Microsoft Office Word 2003"应用程序，好像本地执行一样（见图 6-32）。

图 6-31　启动 RemoteApp

注意: RemoteApp 成功启动应用程序后，应用程序数据不是保存在本地机器，而是保存在远程的终端服务器上。

【应用场景】

终端服务提供了一个图形化的界面，使用户可以从远程设备通过局域网、广域网进行连接，所有的应用和数据运行在服务器上，客户端无须强劲的性能和更高的内存。随着长科集团公司信息化水平不断的提高、信息网点的增加、服务器的不断增多，运用终端服务主要应用在以下三方面。

图 6-32   RemoteApp 程序成功启动 word 应用程序

1. **集中访问基于 Windows 的应用**
◇ 快速部署
◇ 集中的应用升级与技术支持
◇ 数据安全性

2. **有限网络环境实现更快的性能**
◇ 移动访问
◇ 更快的性能等于更好的用户体验
◇ 最小化网络费用

3. **任何设备的 Windows 体验**
◇ 非 PC 设备（WBT，Mac，UNIX 等）
◇ 便携设备（PDA，Cell Phone）
◇ 低配置的 PC
◇ 瘦客户端

项目 7　安装与配置 DNS 服务

【项目情景】

CTG 集团公司在承载活动目录服务的主域控制器和辅助域控制器上承载 DNS 域名解析服务，实现 DNS 冗余，要求只允许经过身份验证的用户与计算机才能在 DNS 中注册信息，同时在 3 个分公司的只读域控器上安装 DNS，并保持 DNS 记录区域信息保持更新，通过"条件转发"功能配置解决子公司的同时需要解析内网、总部网络和 Internet 的域名的需求，见附件 A 图 1，由系统管理员负责实施。

任务：安装与配置 DNS 服务

【项目任务】

配置与管理 DNS 服务器。

【技术要点】

1．DNS 概念

DNS：是域名系统（Domain Name System）的缩写，指在 Internet 中使用的分配名字和地址的机制。域名系统允许用户使用友好的名字而不是难以记忆的数字——IP 地址来访问 Internet 上的主机。

域名解析：就是将用户提出的名字变换成网络地址的方法和过程，从概念上讲，域名解析是一个自上而下的过程。

计算机 DNS 名称由主机名称与域名称组成，以"www.ctg.com"为例：

◈ www：就是 Web 站点所在计算机的主机名称。

◈ ctg.com：就是 WWW 这台计算机所在的域名。

换言之，主机名+域名称=DNS 名称。通过 DNS 名称，可以清楚地知道某计算机的主机名称及它所在的域。

DNS 服务器用于 TCP/IP 网络中，担任"DNS 名称←→IP 地址"翻译机的角色，通过域名（如"www.ctg.com"）代替难记的 IP 地址（如"202.109.122.105"）以定位计算机和服务。

2．DNS 域名空间树型结构

如果将整个互联网的"DNS 名称←→IP 地址"翻译工作，都交由一台 DNS 服务器来做，不但效率差，也提高了风险，因此实际上 DNS 是采用层叠式的结构，如图 7-1 所示。

3．DNS 查询过程

当客户机需要访问 Internet 上某一主机时，首先向本地 DNS 服务器查询对方 IP 地址，往往本地 DNS 服务器继续向另外一台 DNS 服务器查询，直到解析出需要访问主机的 IP 地址。这一过程为"查询"。

◈ 递归查询（Recursive Query）：客户机送出查询请求后，DNS 服务器必须告诉客户机正确的数据（IP 地址）或通知客户机找不到其所需数据。如果 DNS 服务器内没有所需要的数据，则 DNS 服务器会代替客户机向其他的 DNS 服务器查询。客户机只需接触一次 DNS 服务器系统，就可得到所需的节点地址。

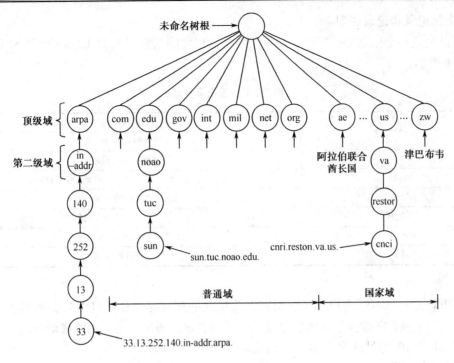

图 7-1　DNS 域名空间树型结构

◈ 迭代查询（Iterative Query）：客户机送出查询请求后，若该 DNS 服务器中不包含所需数据，它会告诉客户机另外一台 DNS 服务器的 IP 地址，使客户机自动转向另外一台 DNS 服务器查询，依此类推，直到查到数据，否则由最后一台 DNS 服务器通知客户机查询失败。

正向查询（Query）：客户机利用其主机完整域名查询 IP 地址过程。

反向查询（Reverse Query）：客户机利用 IP 地址查询其主机完整域名过程，即 FQDN。

4. DNS 区域类型

一个区域是 DNS 数据库的一部分，Windows Server 2008 的 DNS 服务器支持以下三种区域类型：

（1）主要区域

该区域存放此区域内所有主机数据的正本，其区域文件采用标准 DNS 规格的一般文本文件。当在 DNS 服务器内创建一个主要区域与区域文件后，这个 DNS 服务器就是该区域的主要名称服务器。

（2）辅助区域

该区域存放区域内所有主机数据的副本，这份数据从其"主要区域"利用区域传送的方式复制过来，区域文件采用标准 DNS 规格的一般文本文件，只读，不能修改。创建辅助区域的 DNS 服务器为辅助名称服务器。

（3）存根区域

存根区域是一个区域副本，只包含标识该区域的权威域名系统（DNS）服务器所需的那些资源记录。存根区域用于使父区域的 DNS 服务器知道其子区域的权威 DNS 服务器，从而保持 DNS 名称解析效率。存根区域由起始授权机构（SOA）资源记录、名称服务器（NS）资源记录和粘附 A 资源记录组成。

5. 资源记录和记录类型

资源记录是一个标准的 DNS 数据库表结构，包含的信息用来做 DNS 查询。资源记录类型如表 7-1 所示。

表 7-1　资源记录类型

记 录 类 型	功 能 描 述
A	将主机名解析为 IP 地址
PTR	将 IP 地址解析成名称
SOA	任何区域文件中首位记录，标识区域主 DNS
SRV	指出主机提供的网络服务
CNAME	引用另一个主机名的主机名称
NS	标识每个区域的 DNS 服务器
MX	电子邮件服务器

6. 动态更新

动态更新允许 DNS 客户端计算机在发生更改的任何时候使用 DNS 服务器注册和动态地更新其资源记录。它减少了对区域记录进行手动管理的需要，对于频繁移动或改变位置并使用 DHCP 获得 IP 地址的客户端更是如此。

7. DNS 循环复用功能

循环复用是 DNS 服务器用于共享和分配网络资源负载的本地平衡机制。如果发现主机名的多个地址资源记录，则可用它循环使用包含在查询应答中的主机资源记录，该功能提供了一种非常简便的方法，用于对客户机使用 Web 服务器和其他频繁查询的多宿主计算机的负载平衡。

要使循环复用正常工作，必须首先在该区域中注册所查询名称的多个主机资源记录，并启用 DNS 服务器循环复用。

【任务实现】

1. 安装 DNS 服务器

（1）在"服务器管理器"窗口中，单击"添加角色"选项，打开"服务器角色"对话框，选择服务器角色，此处选中"DNS 服务器"复选框后，单击【下一步】按钮（见图 7-2）。

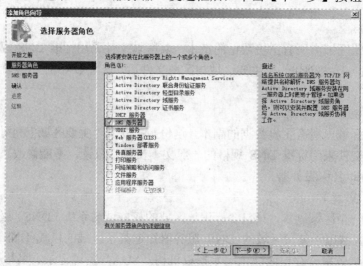

图 7-2　选择服务器角色

（2）按向导提示，一步步进行操作，直至完成 DNS 服务器的安装（见图 7-3）。

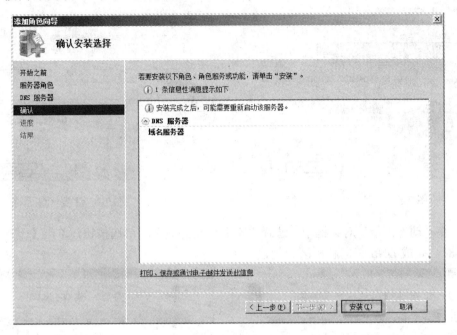

图 7-3　安装 DNS 服务器

2. 创建 DNS 正向解析区域

（1）单击"开始"→"管理工具"→"DNS"选项，右击"正向查找区域"选项，在打开的对话框中，选择"新建区域"选项，打开"新建区域向导"对话框，单击【下一步】按钮（见图 7-4）。

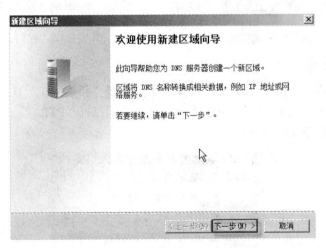

图 7-4　"新建区域向导"对话框

（2）在"区域类型"对话框中，选中"主要区域"单选按钮，单击【下一步】按钮（见图 7-5）。

（3）在"区域名称"对话框中，输入区域名称"ctg.com"，单击【下一步】按钮（见图 7-6）。

（4）输入要保存的区域的文件名"ctg.com.dns"，单击【下一步】按钮（见图 7-7）。

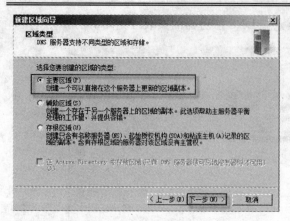 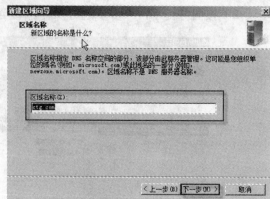

图 7-5　选择创建的区域类型　　　　　　　　　图 7-6　主要区域名称

（5）在"动态更新"对话框中，选择"不允许动态更新"单选按钮，单击【下一步】按钮（见图 7-8），完成 DNS 正向解析区域创建。

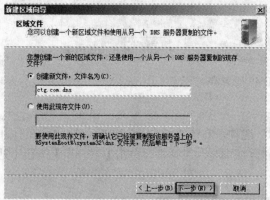

图 7-7　建立正向区域文件　　　　　　　　　图 7-8　正向查找区域更新

3．创建主机记录

右击"ctg.com"选项，在打开的快捷菜单中，选择"新建主机"选项，打开"新建主机"对话框，输入主机名称及 IP 地址，并选中"创建相关的指针（PTR）记录"复选框，单击【添加主机】按钮（见图 7-9）。

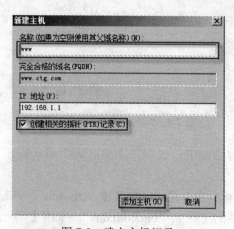

图 7-9　建立主机记录

4. 创建 DNS 反向解析区域

（1）右击"反向查找区域"选项，在打开的快捷菜单中选择"新建区域"选项，打开"新建区域向导"对话框，在区域类型选项中，选择"主要区域"单选按钮，单击【下一步】按钮（见图 7-10）。

（2）在"反向查找区域名称"对话框中，选中"IPv4 反向查找区域"单选按钮，单击【下一步】按钮（见图 7-11）。

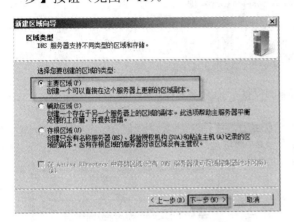

图 7-10 创建 DNS 的主要区域

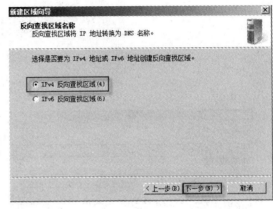

图 7-11 建立基于 Ipv4 反向查找区域

（3）输入用来标示区域的网络 ID（见图 7-12），此处输入要保存的区域的文件名"1.168.192.in-addr.arpa.dns"（见图 7-13），

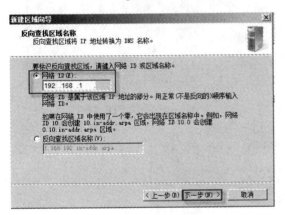

图 7-12 建立 Ipv4 反向查找区域名称

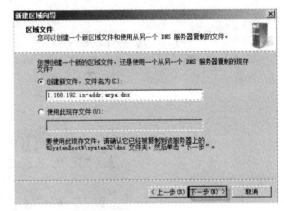

图 7-13 建立反向区域文件

（4）在"动态更新"对话框中，选中"不允许动态更新"单选按钮（见图 7-14），按向导提示，完成创建。

5. 创建指针 PTR

右击"1.168.192.in-addr.arpa"，在打开的快捷菜单中，选择"新建指针"选项，打开"新建资源记录"对话框，输入主机 IP 地址及主机名 www.ctg.com（见图 7-15 和图 7-16）。

6. 启用 DNS 循环复用功能

右击"DNS 服务器"选项，在打开的快捷菜单中，选择"属性"，单击"高级"选项卡，选中"启用循环"和"启用网络掩码排序"复选框（见图 7-17）。

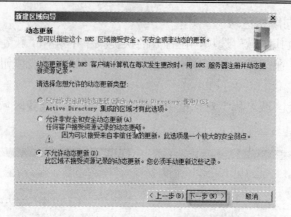

图 7-14　反向查找区域更新

图 7-15　建立指针

图 7-16　指针 PTR 属性

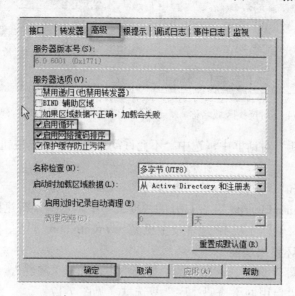

图 7-17　启用 DNS 循环

7. 创建辅助区域，实现 DNS 区域复制

（1）在另一台 DNS 服务器上，右击"正向查找区域"，在打开的快捷菜单中，选择"新建区域"选项，在"区域类型"对话框中，选中"辅助区域"单选按钮，单击【下一步】按钮（见图 7-18）。

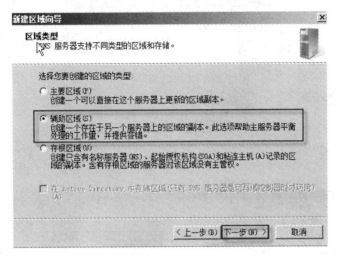

图 7-18　建立辅助区域

（2）在打开的"区域名称"对话框中，输入另一个域名（与主域名服务器的区域名称相同，如 ctg.com）（见图 7-19），输入主域名服务器的 IP 地址，单击【下一步】按钮（见图 7-20）。

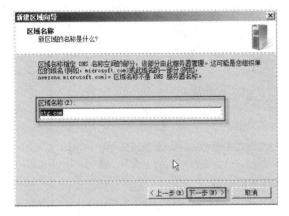 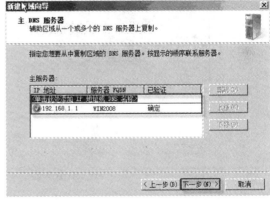

图 7-19　辅助区域名称　　　　　　　　　　图 7-20　主 DNS 服务器验证

（3）设置允许传输的域名服务器。

在主域名服务器上，右击"ctg.com"选项，执行快捷菜单中的"属性"选项，在打开的对话框中，单击"区域传送"选项卡，选择"允许区域传送"，并选择"到所有服务器"选项，单击【确定】按钮（见图 7-21）。

（4）手工要求同步。

在辅域名服务器上，右击"ctg.com"选项，在打开的快捷菜单中选择"从主服务器传送"选项（见图 7-22）。

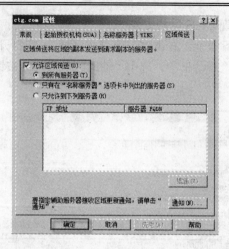

图 7-21　设置区域传送

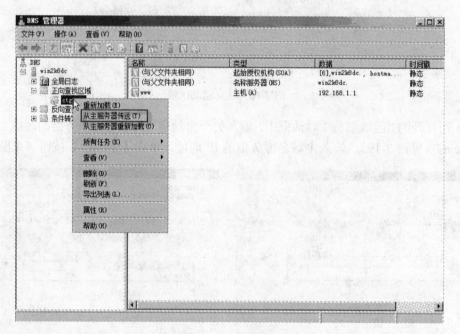

图 7-22　主辅区域数据同步

（5）完成服务器类型的转换。

右击需要更改的区域，在打开的快捷菜单中选择"属性"选项，打开"常规"选项卡，单击【更改】按钮，选择要更改的区域类型（见图 7-23）。

8. DNS 高速缓存服务器

创建一个没有任何区域的 DNS 服务器，右击 DNS 服务器，在打开的快捷菜单中选择"属性"选项，单击"转发器"选项卡（见图 7-24），再单击【编辑】按钮（见图 7-25），输入转发器的 IP 地址。

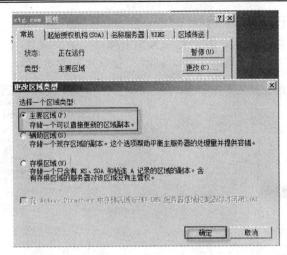

图 7-23 更改 DNS 服务器类型

图 7-24 设置转发器

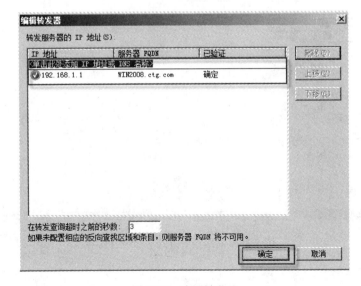

图 7-25 编辑转发器

9. 清除高速缓存中的 cache 内容

（1）右击"DNS"选项，在打开的快捷菜单中选择"清除缓存"选项（见图 7-26），或者选择"DNS"，在菜单中选择"查看"→"高级"命令（见图 7-27）。

图 7-26　清除 Cache 内容　　　　　　　图 7-27　设置高级查看

（2）在"DNS 管理器"窗口中，右击"缓存的查找"，在打开的快捷菜单中选择"清除缓存"选项（见图 7-28），或者在命名行方式下输入"ipconfig /flushdns"命令（见图 7-29）。

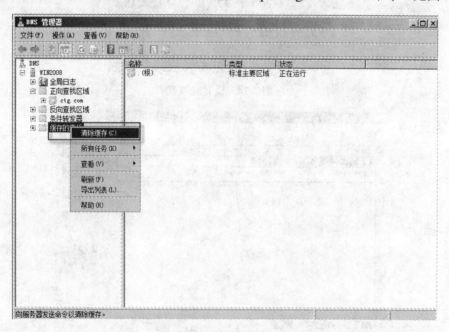

图 7-28　高级查看方式清除缓存内容

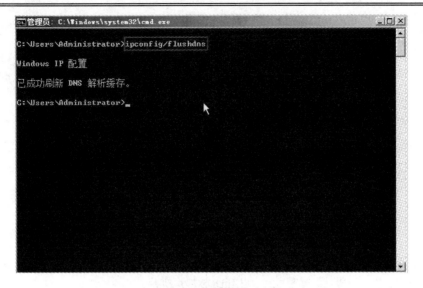

图 7-29　DOS 命令方式清除缓存内容

10. 设置 DNS 区域的动态更新

右击 DNS 上的区域，在打开的快捷菜单中选择"属性"选项，打开属性对话框，单击"常规"选项卡，在动态更新的下拉列表框中，选择"非安全"选项（见图 7-30）。

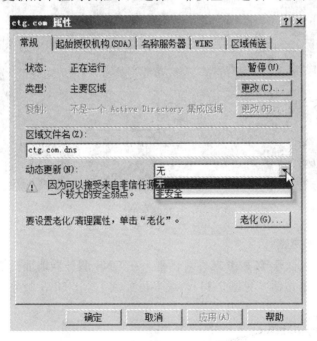

图 7-30　设置允许动态更新

在本机的 DHCP 服务器中，右击"作用域"选项，在打开的快捷菜单中选择"属性"选项，在属性对话框中，选择"DNS"选项卡，选中"只有在 DHCP 客户端请求时才动态更新 DNS A 和 PTR 记录"（见图 7-31），或者在客户端使用 ipconfig /registerdns 来更新域名的注册信息（见图 7-32），注意客户端需要将完整的计算机名改成 client.ctg.com。

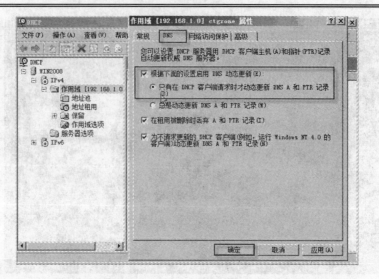

图 7-31　启用 DNS 客户动态更新

图 7-32　更新域名的注册信息

11. 配置 DNS 客户端

在客户端计算机上打开 TCP/IP 属性对话框，在 DNS 服务器地址栏中输入 DNS 服务器的 IP 地址，单击【高级】按钮（见图 7-33），最多可配置 12 个 DNS 服务器。

【测试验证】

1. 在管理工具中，正常打开 DNS 控制台；

2. 在 DOS 命令提示符下，输入 nslookup 后输入 www.ctg.com 查看是否能够获得正向解析；

3. 在 DOS 命令提示符下，输入 nslookup 后输入 192.168.1.1 查看是否能够获得反向解析；

4. 当 www.ctg.com 可以对应于多个 IP 地址时，DNS 每次查询解析的顺序都不同；

5. 辅助域名服务器能复制主域名服务器 DNS 资源；

6. 使用 ipconfig /displaydns 命令查看是否已清除缓存（清除域名缓 ipconfig /flushdns）；

7. DNS 服务器设置为动态更新，可以接收来自非信任源的更新；

8. 客户机正常 ping 通 www.ctg.com 域名。

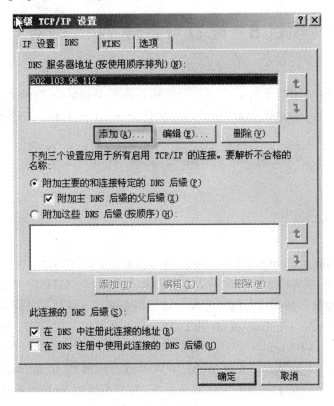

图 7-33　添加 DNS 服务器

项目 8　配置与管理 Web 服务

【项目情景】

CTG 集团计划将集团电子商务管理平台迁移到新的 Windows Server 2008 IIS7.0 平台。利用 IIS 7.0 将信息传送到后端应用程序服务器，简化管理，提高性能，由系统管理员负责实施。

任务 1：配置与管理 Web 服务

【项目任务】

配置和管理 Web 服务器。

【技术要点】

IIS 是 Internet Information Services（互联网信息服务）的缩写，是一种 Web（网页）服务组件，其中包括 Web 服务器、FTP 服务器、NNTP 服务器和 SMTP 服务器，分别用于网页浏览、文件传输、新闻服务和邮件发送等方面，它使得在网络（包括互联网和局域网）上发布信息成了一件很容易的事。Gopher server 和 FTP server 全部包含在里面。它支持 ASP（Active Server Pages）、Java、VBscript。

WWW 是 World Wide Web（也称 Web、WWW 或万维网），是 Internet 上集文本、声音、动画、视频等多种媒体信息于一身的信息服务系统，整个系统由 Web 服务器、浏览器（Browser）及通信协议三部分组成。

HTTP（超文本传输协议）主要用于访问 WWW 上的数据。协议以普通文本、超文本、音频、视频等格式传输数据，称为超文本传输协议。它可以快速地在文档之间跳转。WWW 采用的通信协议是超文本传输协议（HyperText Transfer Protocol，HTTP），它可以传输任意类型的数据对象，是 Internet 发布多媒体信息的主要应用层协议。

超链：WWW 中的信息资源主要以一篇篇的网页为基本元素构成，所有网页采用超文本标记语言（HyperText Markup Language，HTML）来编写，HTML 对 Web 页的内容、格式及 Web 页中的超链进行描述。Web 页间采用超级文本（HyperText）的格式互相链接。通过这些链接，可从一个网页跳转到另一个网页上，这就是超链。

URL：Internet 中的网站成千上万，为了准确查找，人们采用了统一资源定位器（Uniform Resource Locator，URL）来在全世界唯一标识某个网络资源。其描述格式为：

协议：//主机名称/路径名/文件名：端口号

例如：http://www.ctg.com，客户程序首先看到 http（超文本传输协议），知道处理的是 HTML 连接，接下来是 www.ctg.com 站点地址（对应特定的 IP 地址），http 协议默认使用的 TCP 协议端口为 80，可省略不写；如果不是使用默认端口 80，则需加端口号。

虚拟目录与磁盘映射相似，每个 Internet 服务可以从多个目录中发布。通过以通用命名约定（UNC）名、用户名及用于访问权限的密码指定目录，可将每个目录定位在本地驱动器或网络上。虚拟服务器可拥有一个宿主目录和任意数量的其他发布目录。其他发布目录称为虚拟目录。

身份验证：IIS 的身份验证功能分为匿名身份验证、Windows 身份验证、基本身份验证、摘要式身份验证。默认情况下系统只安装了匿名身份验证，也就是说，访问网站内所有的内容不需要用户名和密码。

◈ Windows 身份验证：使用 NTLM（本地）或 Kerberos 协议对客户端进行身份验证。主要适合在 Intranet 环境下使用，由于这种身份验证对用户名的密码不进行加密，所以不适合在 Internet 中使用。

◈ 基本身份验证：基本身份验证同样要求用户提供有效的用户名和密码，它对会密码进行加密。

◈ 摘要式身份验证：和基本身份验证基本相同，不过加密方式更严谨，相对安全性更高了。其中 Windows 域服务器的摘要式身份验证需要使用域账户。

连接数是指网站最大并发连接数，此站点最多允许建立多少个连接。

连接超时：设置客户端建立连接后，或在指定时间内若没有任何访问操作，便将其强制断线。

【任务实现】

1. 安装 IIS 服务器

（1）在"服务器管理器"窗口中，单击"角色"→"添加角色"选项，在打开的"选择服务器角色"对话框中，选中"Web 服务器（IIS）"复选框（见图 8-1）。

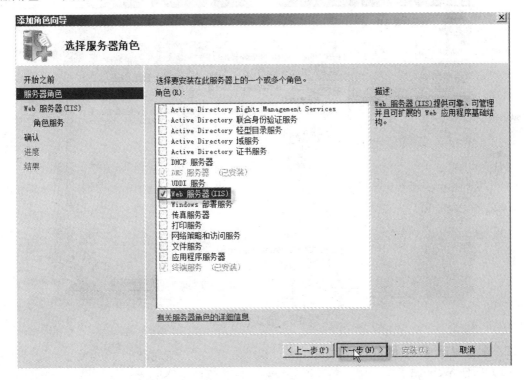

图 8-1　选择服务器角色

（2）按向导提示，进行一步步操作，完成安装（见图 8-2 和图 8-3）。

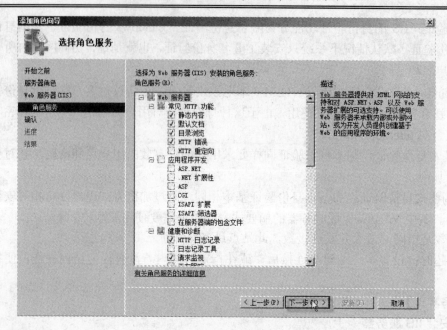

图 8-2　选择角色服务

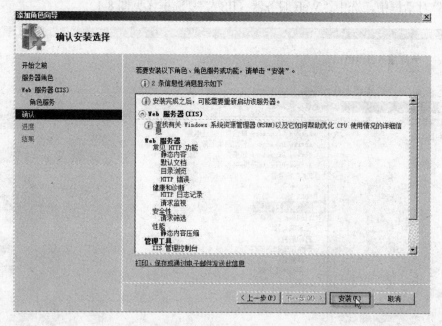

图 8-3　确认安装选择

2. 配置管理 Web 服务器

（1）新建 Web 站点。

单击"开始"→"管理工具"→"Internet 信息服务（IIS）6.0 管理器"选项，右击"网站"选项，在打开的快捷菜单中，选择"添加网站"选项，打开"添加网站"对话框（见图 8-4），输入"网站名称"、"物理路径"，通过【浏览】按钮来选择你的网页文件所在的目录，如物理路径"C:\ctgweb"、IP 地址"192.168.1.1"、TCP 端口 80。在新建站点上右击管理网站，单击【启动】按钮。

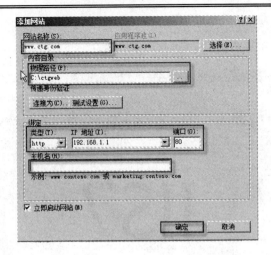

图 8-4   新建 Web 站点

（2）建立虚拟目录。

打开"Internet 信息服务（IIS）管理器"窗口，在"Web 站点"下右击"添加虚拟目录"选项，打开"添加虚拟目录"对话框（见图 8-5），输入别名、物理路径后单击【确定】按钮，建立虚拟目录（见图 8-6）。

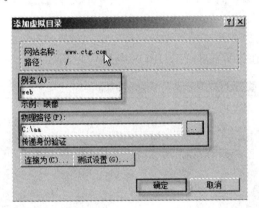

图 8-5   建立虚拟目录

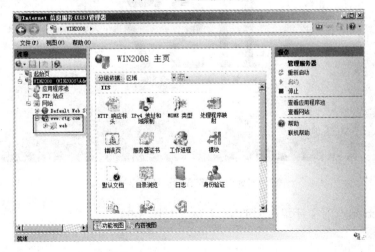

图 8-6   建立虚拟目录的结果

（3）连接 Web 站点。

● 输入 Web 站点所在计算机的 IP 地址（见图 8-7）。

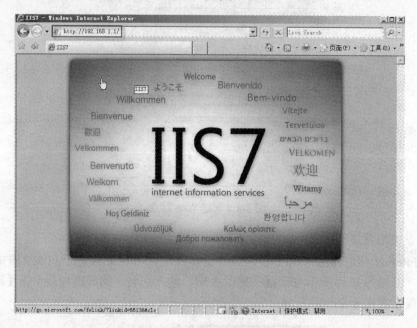

图 8-7　本机 IP 地址连接

● 输入 Web 站点所在计算机的 NETBIOS 名称（见图 8-8）。

图 8-8　NETBIOS 名称连接

● 输入 Web 站点所在计算机的 DNS 名称（见图 8-9）。

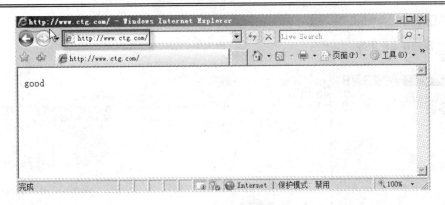

图 8-9 域名连接

除了以上 3 种方式之外，如果要从本机（IIS 服务器）连接 Web 站点，也可以在网址行输入：http://127.0.0.1 或 http://localhost。

注意： ① 用 http://127.0.0.1 或 http://localhost 能访问与 Windows 自带的 hosts.sam 文件有关。

② 只有在本机连接 Web 站点时，输入 http://127.0.0.1 或 http://localhost 才有用。

3. 权限设置

打开"Internet 信息服务（IIS）管理器"窗口，在"Web 站点"下，单击【编辑权限】按钮，打开"安全"选项卡（见图 8-10），再单击【编辑】按钮，在打开的对话框中，选择组或用户名，单击【添加】按钮（见图 8-11）。

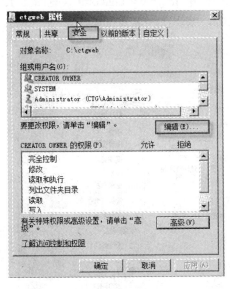

图 8-10 添加权限（1）

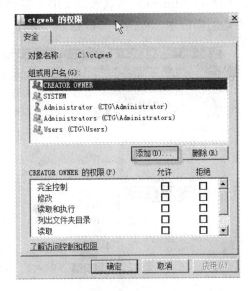

图 8-11 添加权限（2）

4. 身份验证

（1）在"服务器管理器"窗口中，右击"角色"选项，在打开的快捷菜单中，选择"添加角色"选项，勾选"Web 服务器（IIS）"复选框；在"选择角色服务"对话框中，选中"安全性"复选框（见图 8-12），按向导提示进行安装。

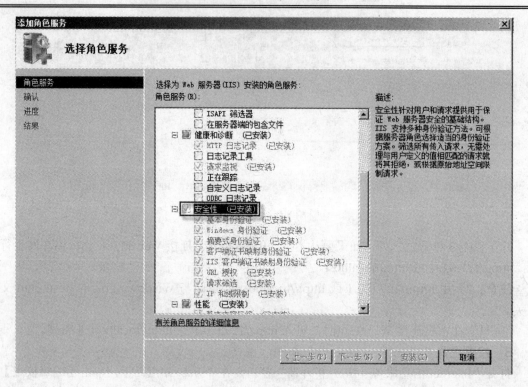

图 8-12　设置安全

（2）在"Internet 信息服务（IIS）管理器"窗口中，单击"www.ctg.com"（见图 8-13），在右边的窗口中，双击"身份验证"图标（见图 8-14），编辑"匿名身份验证"。

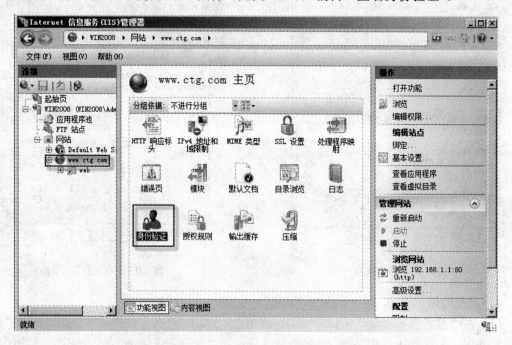

图 8-13　双击"身份验证"图标

（3）在"Internet 信息服务（IIS）管理器"窗口中，单击"www.ctg.com"，再双击"身份验证"，在"身份验证"对话框中，选择"Windows 身份验证"选项，将其启用（见图 8-15）。

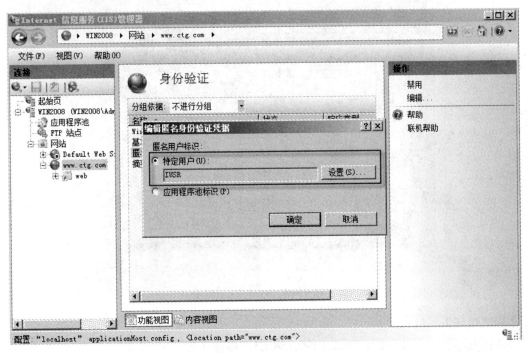

图 8-14　编辑匿名身份验证

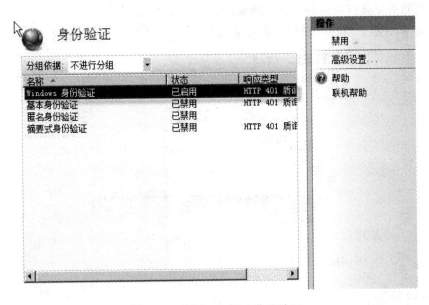

图 8-15　启用 Windows 身份验证

（4）设置完成后，通过浏览器进行访问（见图 8-16）。

5．连接控制

在"Internet 信息服务（IIS）管理器"窗口中，右击"www.ctg.com"，在打开的快捷菜单中，选择"管理网站"→"高级设置"命令，打开"高级设置"对话框（见图 8-17），展开连接限制进行设置。

图 8-16　检验 Windows 身份验证

【测试验证】

1. 在 IE 浏览器中，输入"http://192.168.1.1"能够正常访问；
2. 输入虚拟目录下的物理路径，能够正常访问；
3. 某些网页受到权限限制，禁止访问；
4. 访问 Web 服务器时，使用匿名登录站点。

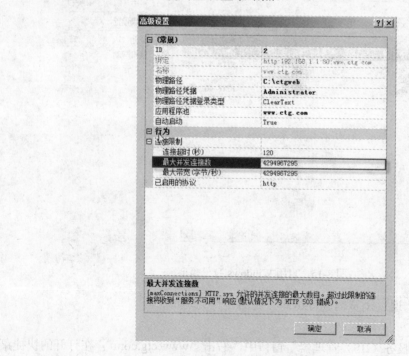

图 8-17　设置连接限制

任务 2：添加 FTP 模块

【项目任务】

添加 FTP 模块。

【技术要点】

FTP（File Transfer Protocol）文件传输协议，简称为"文传协议"，用于 Internet 上的控制文件的双向传输。同时，它也是一个应用程序（Application）。

端口是面向服务的网络程序，它通过端口号来标记的，端口号为 2 字节无符号型整数，范围从 0～65535（256×256-1），其中 0～1023 为典型端口（常用端口）。端口分为 TCP 端口和 UDP 端口，见表 8-1。

表 8-1 常用端口

端 口 号	名 称	注 释
20	ftp-data	FTP 数据端口
21	ftp	文件传输协议（FTP）端口；有时被文件服务协议（FSP）使用
23	telnet	Telnet 服务
25	smtp	简单邮件传输协议（SMTP）
43	nicname	WHOIS 目录服务
53	domain	域名服务（如 BIND）
69	tftp	小文件传输协议（TFTP）
70	gopher	Gopher 互联网文档搜寻和检索
79	finger	用于用户联系信息的 Finger 服务
80	http	用于万维网（WWW）服务的超文本传输协议（HTTP）
88	kerberos	Kerberos 网络验证系统
107	rtelnet	远程 Telnet
110	Pop3	邮局协议版本 3

【任务实现】

1．安装 FTP 服务器

在"服务器管理器"窗口中，单击"角色"选项，再右击"Web 服务器"，在打开的快捷菜单中，选择"添加角色服务"选项，打开"角色服务"对话框，选中"FTP 发布服务"复选框，单击【下一步】按钮（见图 8-18）。

2．配置 FTP 目录

（1）在"Internet 信息服务（IIS）6.0 管理器"窗口中，单击"FTP 站点"，再右击"默认站点"，在打开的快捷菜单中，选择"启动"选项（见图 8-19）。

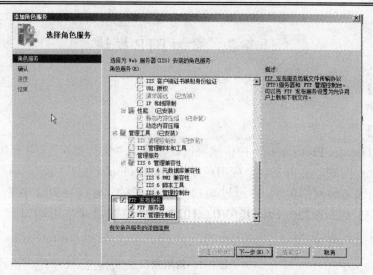

图 8-18　添加 FTP 发布服务

图 8-19　启动 FTP 默认站点

按向导提示，进行安装（见图 8-20）。

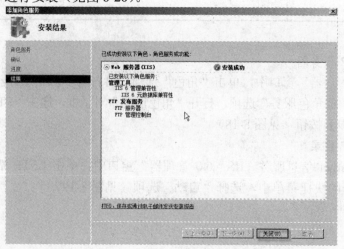

图 8-20　FTP 发布服务安装成功

（2）右击"默认站点"选项，在打开的快捷菜单中，选择"属性"选项，在打开的对话框中，输入 IP 地址"192.168.1.1"（见图 8-21）。

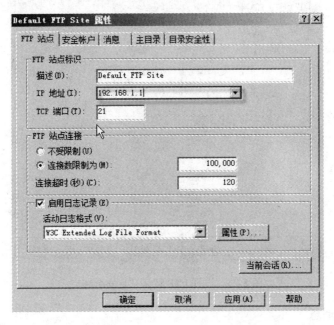

图 8-21　设置 FTP 默认站点属性

（3）单击"主目录"选项卡，指定"FTP 站点目录"（见图 8-22）。

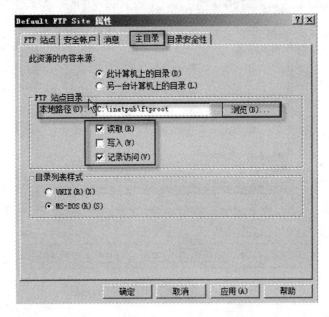

图 8-22　设置 FTP 默认站点主目录

3. 设置安全账户

在图 8-22 中，单击"安全账户"选项卡[①]，取消对"允许匿名连接"的选择（见图 8-23）。

---

① 系统中的"安全账户"。

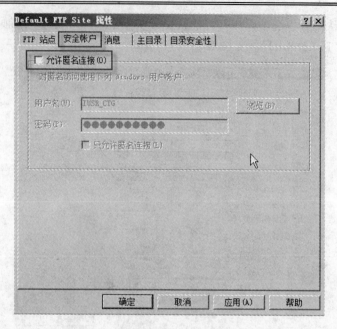

图 8-23　设置 FTP 默认站点安全账户

4. 设置 FTP 消息

在图 8-22 中，单击"消息"选项卡，输入 FTP 站点消息，设置最大连接数（见图 8-24）。

图 8-24　设置登录 FTP 站点时的消息

5. 目录安全性

在图 8-22 中，单击"目录安全性"选项卡，选择访问限制类型，单击【添加】按钮，输入 IP 地址（见图 8-25）。

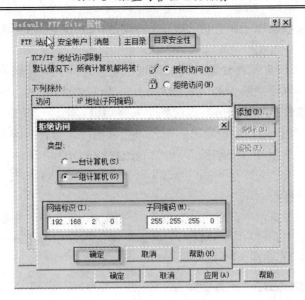

图 8-25　设置 FTP 默认站点目录安全性

【测试验证】

1. 在管理工具中，正常打开 FTP 控制台；
2. 在 IE 浏览器中，输入 "http://192.168.1.10" 能够正常访问；
3. 使用有效账户，能够正常访问当前用户内容；
4. 访问 FTP 服务器时，是否看到 FTP 信息；
5. 允许或拒绝指定 IP 地址访问 FTP 服务器。

任务 3：添加 SMTP 模块

【项目任务】

添加 SMTP 模块。

【技术要点】

SMTP（Simple Mail Transfer Protocol）即简单邮件传输协议，它是一组用于由源地址到目的地址传送邮件的规则，由它来控制信件的中转方式。SMTP 协议属于 TCP/IP 协议族。SMTP 服务器则是遵循 SMTP 协议的发送邮件服务器，用来发送或中转发出的电子邮件。

SMTP 独立于特定的传输子系统，且只需要可靠有序的数据流信道支持。SMTP 重要特性之一是其能跨越网络传输邮件，即 "SMTP 邮件中继"。通常，一个网络可以由公用互联网上 TCP 可相互访问的主机、防火墙分隔的 TCP/IP 网络上 TCP 可相互访问的主机，及其他 LAN/WAN 中的主机利用非 TCP 传输层协议组成。使用 SMTP 可实现相同网络上处理机之间的邮件传输，也可通过中继器或网关实现某处理机与其他网络之间的邮件传输的地址传送邮件的规则，由它来控制信件的中转方式。

POP3（Post Office Protocol 3）即邮局协议的第 3 个版本，它是规定个人计算机如何连接到互联网上的邮件服务器进行收发邮件的协议。它是因特网电子邮件的第一个离线协议标准，POP3 协议允许用户从服务器上把邮件存储到本地主机（即自己的计算机）上，同时根据客户端的操作删除或保存在邮件服务器上的邮件，而 POP3 服务器则是遵循 POP3 协议的接收邮件服务器，用来接收电子邮件的。POP3 协议是 TCP/IP 协议簇中之一支，由 RFC 1939 定义。

POP 协议支持"离线"邮件处理。其具体过程是：邮件发送到服务器上，电子邮件客户端调用邮件客户机程序以连接服务器，并下载所有未阅读的电子邮件。这种离线访问模式是一种存储转发服务，将邮件从邮件服务器端送到个人终端机器上，一般是 PC 或 MAC。一旦邮件发送到 PC 或 MAC 上，邮件服务器上的邮件将会被删除。但目前的 POP3 邮件服务器大都可以"只下载邮件，服务器端并不删除"，也就是改进的 POP3 协议。

【任务实现】

1. 安装 SMTP 服务器

在"服务器管理器"窗口中，单击"功能"→"添加功能"→"添加角色服务"选项，在打开的"功能"对话框中，，选中"SMTP 服务器"复选框，单击【下一步】按钮，按向导提示，进行安装（见图 8-26 和图 8-27）。

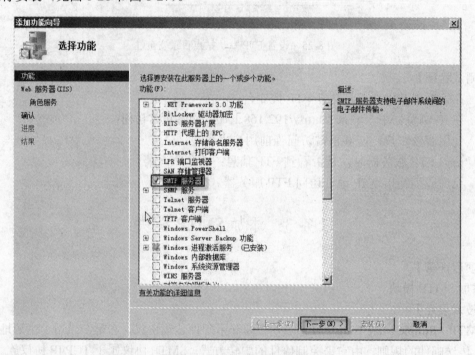

图 8-26　安装 SMTP 服务器

2. 配置 SMTP 服务器

（1）在"Internet 信息服务（IIS）6.0 管理器"窗口中，右击"SMTP 虚拟服务器"，在打开的快捷菜单中，选择"属性"选项（见图 8-28）。

（2）在打开的对话框中，选择"常规"选项卡，设置"IP 地址"（见图 8-29），选择"127.0.0.1"，表示指向本地计算机 IP 地址，其他项使用默认设置；假如是局域网接入，拥有固定 IP 地址，这里就应该选择相应的地址。

（3）单击"访问"选项卡，在"连接"对话框中，选中"以下列表除外"单选按钮（见图 8-30）。

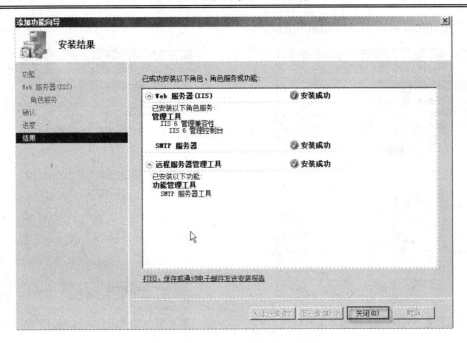

图 8-27 SMTP 服务器安装成功

（4）单击"安全"选项卡（见图 8-31），设置使用 SMTP 服务器的有权用户，默认用户是"Administrators"，单击【添加】按钮，添加用户。完成以上设置后，SMTP 服务器即可设置成功。

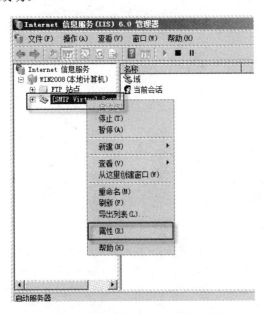

图 8-28 设置 SMTP 服务器属性

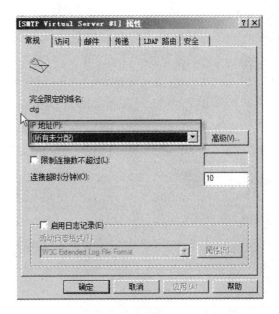

图 8-29 设置 SMTP 服务器 IP 地址

3. 在 E-mail 软件中设置

用自己的 SMTP 在发信之前，需要设置 E-mail 软件。

OutlookExpress6.0 的设置方法如下：单击"工具→"账户"→"邮件"，选中"账号"选项，单击"属性"→"服务器"→"发送邮件"选项，在打开的对话框中输入"192.168.1.1"，取消对"我的服务器需要身份验证"的选择。

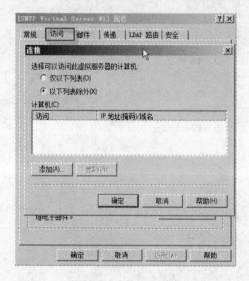

图 8-30 设置 SMTP 服务器应答用户访问

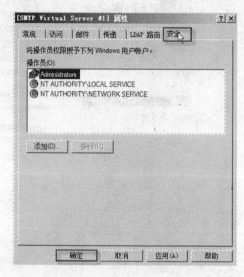

图 8-31 设置用户访问 SMTP 服务器的权限

项目 9　配置与实现活动目录

【项目情景】

CTG 公司总部需要新增两台服务器，需要安装 Windows Server 2008 企业版平台，作为活动目录服务的域控制器，CTG 3 个分公司各有一台服务器（Windows Server 2003 企业版），需要升级到 Windows Server 2008 企业版平台，作为分公司的只读域控制器（RODC），见附件 A 图 1。

集团公司内部使用的终端系统工作在工作组模式下，内部普通用户对终端系统拥有管理权限，可能导致员工随意安装软件，更改计算机设置，集团公司总部 IT 部门缺乏有效的监控和管理手段，使得 IT 员工陷入大量日常性、重复性的工作中，提高了企业 IT 运营成本。

◈ 规划和部署基于 Windows Server 2008 的活动目录 AD 架构体系，集中管理账户和客户机。范围：CTG 公司总部及各分公司所有的软硬件系统，包括服务器、终端计算机、打印机等，由系统管理员负责实施。

任务 1：安装 Active Directory

【项目任务】

创建主域控制器、备份域控制器和只读域控制器。

【技术要点】

（1）网络工作模式。

◈ 工作组模式：属于分散管理，适合小型网络，默认情况下计算机安装完操作系统后隶属于同一个工作组。

◈ 域模式：属于集中管理，适合大中型网络，域就是共享用户账号、计算机账号和安全策略的计算机集合。域中的这台集中存储用户账号的计算机就是域控制器（简称 DC），用户账号、计算机账号和安全策略被存储在域控制器上一个名为 Active Directory 的数据库中。

（2）域中的角色。

◈ 域控制器：安装了 Windows Server 2008 或 Windows Server 2003 且安装了 Active Directory 的计算机。

◈ 成员服务器：负责提供邮件、数据库、DHCP 等服务。

◈ 工作站：用户使用的客户机。

（3）主域控制器与备份域控制器：为了弥补单主复制（从主域控制器（PDC）上负责把被复制的数据复制给各备份域控制器（BDC）的缺陷，微软从 Windows Server 2000 域开始实现多主复制，不再在网络上区分 PDC 和 BDC，所有的域控制器处于一种等价的地位，在任意一台域控制器上的修改，都会被复制到其他的域控制器上。

（4）只读域控制器：一种新型域控制器配置，可以在保证服务器和远程终端安全不受到影响的情况下，为远程办公的活动目录信息进行更快的验证，帮助它们提高获取资源的速度。它是通过为远程终端上的 Windows Server 2008 域控制器提供包含了大部分活动目录信息的只读副本实现这样的效果的。

【任务实现】

任务规划：

主域控制器　　　　　　　　PDC.CTG.COM

备份域控制器　　　　　　　BDC.CTG.COM

只读域控制器_长沙　　　　　CS.CTG.COM

只读域控制器_上海　　　　　SH.CTG.COM

只读域控制器_美国　　　　　MG.CTG.COM

子任务 1：创建主域控制器

（1）在运行对话框中，输入"dcpromo"（见图 9-1），打开"Active Directory 域服务安装向导"对话框，选中"使用高级模式安装"复选框，单击【下一步】按钮，开始创建域控制器（见图 9-2）。

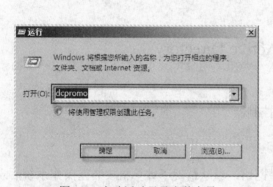

图 9-1　启动活动目录安装向导　　　　　图 9-2　高级安装模式选择

（2）检查操作系统兼容性，单击【下一步】按钮（见图 9-3）。

（3）在"选择某一部署配置"对话框中，选中"在新林中新建域"单选按钮，单击【下一步】按钮（见图 9-4），CTG.COM 是一个新创建的域。

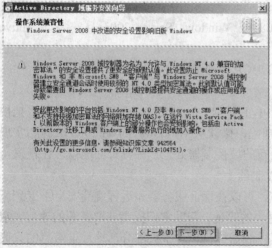

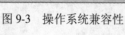

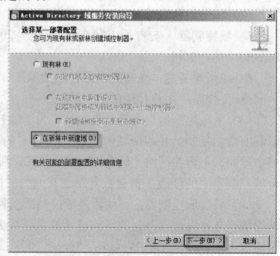

图 9-3　操作系统兼容性　　　　　　　图 9-4　为现有林或新林创建域控制器

（4）如果安装时没有设置开机密码，在安装活动目录时会出现密码提示框（见图 9-5），在这里需要重设本地管理员密码，注意这个密码一定要符合密码复杂性检查要求。

图 9-5　提示重设 Administrator 账户密码

在 DOS 命名方式下，修改密码的命令为"net user administrator *"（*为不显示密码，见图 9-6），填写两次密码后，密码修改成功。

图 9-6　重设 Administrator 账户密码

（5）在"命名林根域"对话框中，输入域的 DNS 名称"CTG.COM" 单击【下一步】按钮（见图 9-7）。

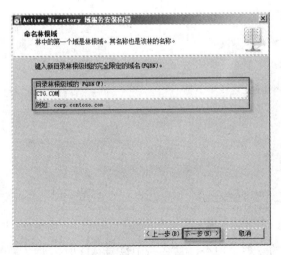

图 9-7　命名林根域

（6）CTG 的 3 个分公司各有一台服务器（Windows Server 2003 企业版），需要升级到 Windows Server 2008 企业版平台，作为分公司的只读域控制器（RODC）。因此设置域功能级别为"Windows Server 2003"（见图 9-8 和图 9-9），操作不可逆。

（7）设置 Active Directory 数据库的路径，默认 NTDS 文件夹存放数据库文件和日志文件，SYSVOL 存放组策略和脚本，可以考虑把数据库和日志部分分开存储（见图 9-11）。在配置这些位置时需要注意以下事项：

① 数据库和日志文件的默认位置是%SystemRoot%\NTDS 下的子文件夹。如果这些文件夹位于两个单独磁盘的独立卷上，可以获得更好的性能。

② SYSVOL 文件夹的默认位置位于%SystemRoot%\Sysvol。大部分情况下，可以接受默认设置，让复制服务将自己的数据库保存在%SystemRoot%下的子文件夹中，通过将这些文件放在同一个卷上，可以减少在不同驱动器之间移动文件的需求。

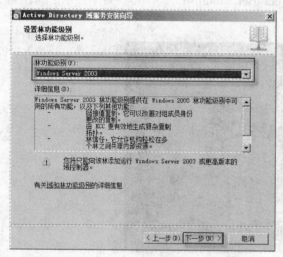

图 9-8　设置林功能级别　　　　　　　　图 9-9　设置域功能级别

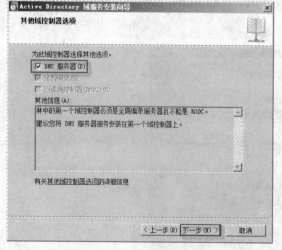
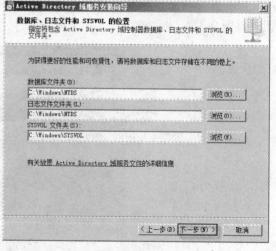

图 9-10　其他域控制器选项　　　　　　　图 9-11　指定保存位置

（8）设置还原模式的管理员口令，从备份中恢复 AD 时需要（见图 9-12）。

（9）仔细检查一下创建域的各项设置是否正确（见图 9-13）。

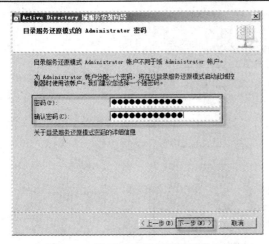
图 9-12　设置目录服务还原模式密码

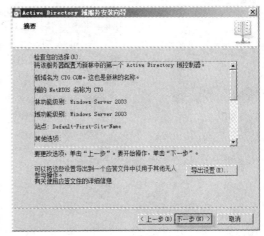
图 9-13　摘要信息

（10）安装向导将配置 Active Directory 域服务，此过程可能需要几分钟到几小时（见图 9-14）。

（11）Active Directory 的安装完成后需要重新启动计算机。

（12）重启服务器后发现可以使用域管理员的身份进行登录了，成功创建了主域控制器和域 CTG.COM。

（13）创建计算机账号就是把成员服务器和用户使用的客户机加入域，这些计算机加入域时会在 Active Directory 中创建计算机账号。确保客户端 Client 已经使用了 192.168.1.1 作为 DNS 服务器，否则客户端 Client 无法利用 DNS 定位域控制器（见图 9-15）。

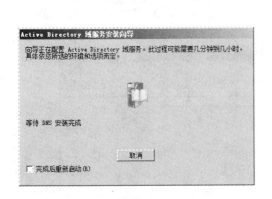
图 9-14　安装活动目录

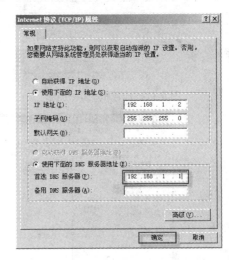
图 9-15　客户端 IP 地址设置

（14）在 Client 的计算机属性中切换到"计算机名"选项卡，单击【更改】按钮（见图 9-16）。

（15）在"计算机名称更改"对话框中，输入域名"CTG.COM"（见图 9-17）。

（16）单击【确定】按钮，系统需要输入一个有权限在 Active Directory 中创建计算机账号的用户名和密码（见图 9-18）。

（17）系统弹出一个窗口欢迎 Client 加入域，这时在 PDC 上打开"Active Directory 用户和计算机"窗口，发现 Client 的计算机账号已经被创建（见图 9-19）。

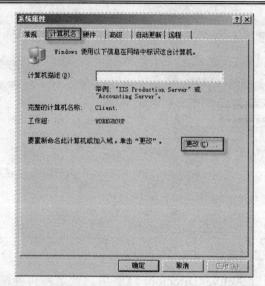

图 9-16　"系统属性"对话框

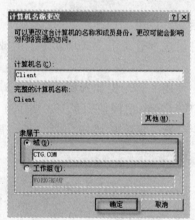

图 9-17　计算机名/域更改

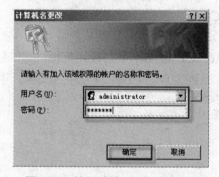

图 9-18　输入域管理员用户名和密码

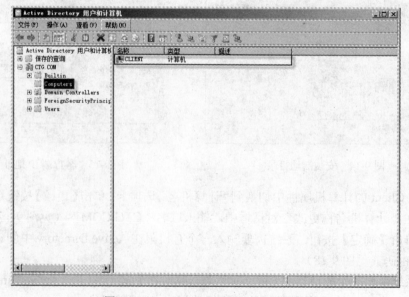

图 9-19　Active Directory 用户和计算机

子任务 2：创建备份域控制器

（1）服务器最忌讳单点失效，所以一般情况下都使用多台域控制器，安装备份域控制器与安装主域控制器一样，输入"DCPROMO"，当出现下图界面时，选中"现有林"，"向现有域添加域控制器"单选按钮，单击【下一步】按钮（见图 9-20）。

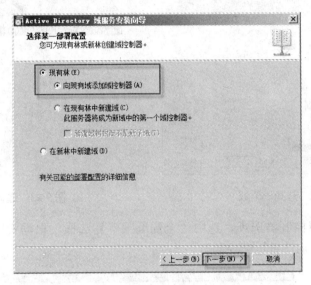

图 9-20　为现有林或新林创建域控制器

（2）设置网络凭据，也就是需要输入第一台安装此域控制器的林中任何域的名称，并且在"备用凭据"处单击【设置】按钮，会出现要求网络凭据对话框，需要输入具有管理权限的用户名和密码（见图 9-21）。

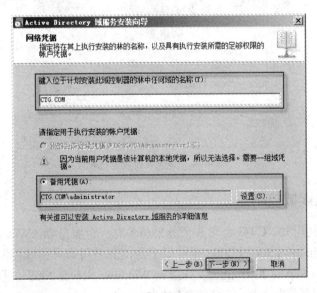

图 9-21　网络凭据

（3）为额外域控制器选择一个域，这里只有一个根域，选中"CTG.COM(林根域)"（见图 9-22）。

（4）为新域控制器选择一个站点，这里就使用默认站点（见图9-23）。

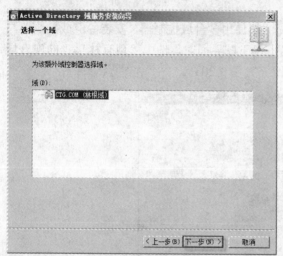 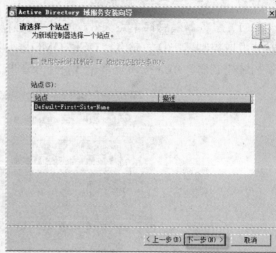

图 9-22　选择一个域　　　　　　　　　　　　　　图 9-23　选择一个站点

（5）设置其他域控制器选项，选中"全局编录"复选框，根据实际需要进行选择（见图 9-24），创建完成后，备份域控制器。

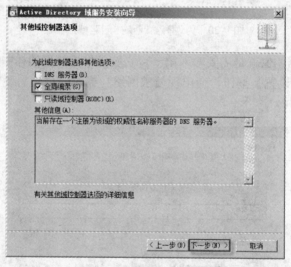

图 9-24　其他域控制器选项

子任务 3：创建只读域控制器

由 CTG 网络架构可知，CTG 公司 3 个分公司各有一台服务器（Windows Server 2003 企业版），需要升级到 Windows Server 2008 企业版平台，分公司为只读域控制器（RODC）。

（1）将 Windows Server 2003 企业版升级到 Windows Server 2008 企业版。

（2）将分公司服务器加入到 CTG.COM 域中。

（3）输入 "dcpromo" 命令，启动 Active Directory 域服务安装向导。

（4）默认情况是选择基本安装模式，此处选中"使用高级模式安装"复选框（见图 9-25）。

（5）在"选择某一部署配置"对话框中，选中"现有林"，"向现有域添加域控制器"单选按钮（见图9-26）。

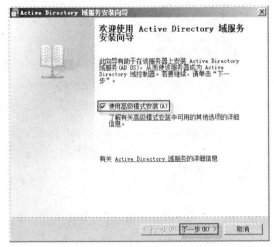

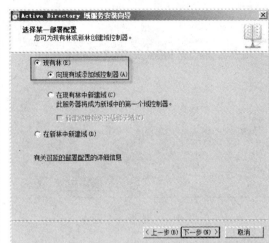

图 9-25 选择使用高级模式安装   图 9-26 为现有林或新林创建域控制器

（6）选中"备用凭据"单选按钮，单击【设置】按钮，输入林根域"CTG.COM"，并输入域管理员的用户名和密码（见图9-27）。

（7）选择该域控制器所在的域（见图9-28）。

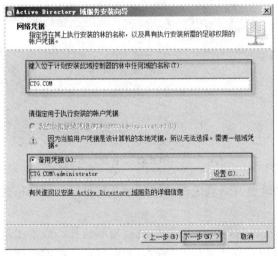

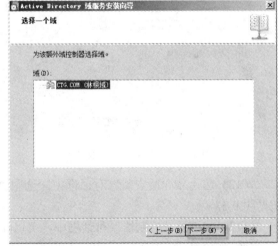

图 9-27 网络凭据   图 9-28 选择域

（8）为该只读域控制器选择默认放置的站点（见图9-29）。

（10）设置其他域控制器选项，选中"只读域控制器（RODC）"、"DNS 服务器"、"全局编录"复选框（见图9-30）。

（11）在"指定密码复制策略"对话框中，添加或删除希望允许或拒绝密码复制的用户、计算机或组账户（见图9-31）。

（12）在"用于 RODC 安装和管理的委派"对话框中，被委派的用户或组将在 RODC 上具有本地管理权限（见图9-32）。

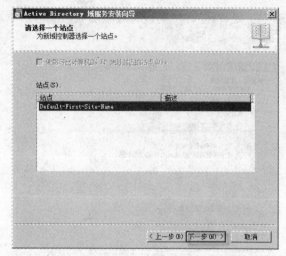

图 9-29　选择一个站点

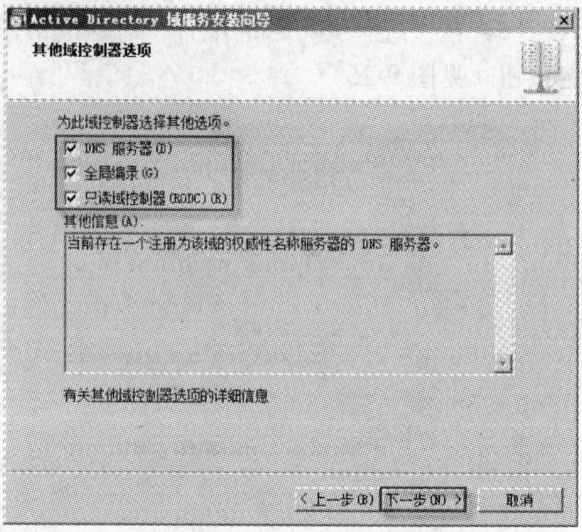

图 9-30　其他域控制器选项

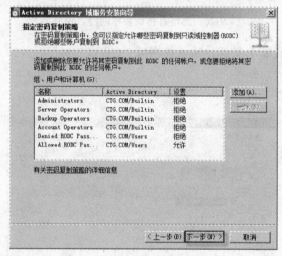

图 9-31　指定密码复制策略

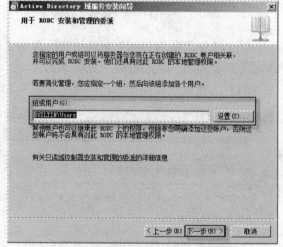

图 9-32　RODC 安装和管理的委派

（12）在"从介质安装"对话框中，选中"通过网络从现在域控制器复制数据"单选按钮（见图 9-33）。

（13）在"源域控制器"对话框中，可以让安装向导为该 RODC 选择复制伙伴，或手工选择需要使用的复制伙伴。在安装域控制器，并且没有使用备份介质时，所有目录数据都需要从复制伙伴复制给安装的域控制器，因为这个过程可能需要复制大量的数据，因此通常必须确保控制器位于同一个站点，或通过可靠高速的网络连接在一起。否则，在从介质安装时，RODC 的复制将从复制伙伴处通过网络复制获得或丢失的数据（见图 9-34）。

（14）在"数据库、日志文件和 SYSVOL 的位置"对话框中，选择用于存储 Active Directory 数据库、日志文件及 SYSVOL 的文件夹位置（见图 9-35），根据向导完成只读域控制器的创建。

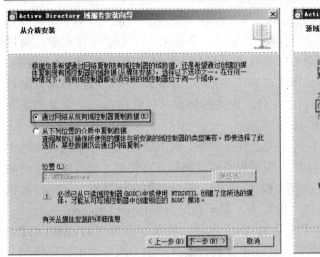

图 9-33 从介质安装

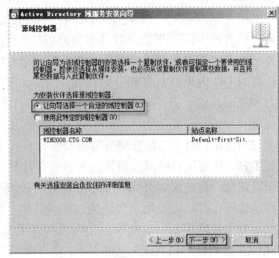

图 9-34 源域控制器

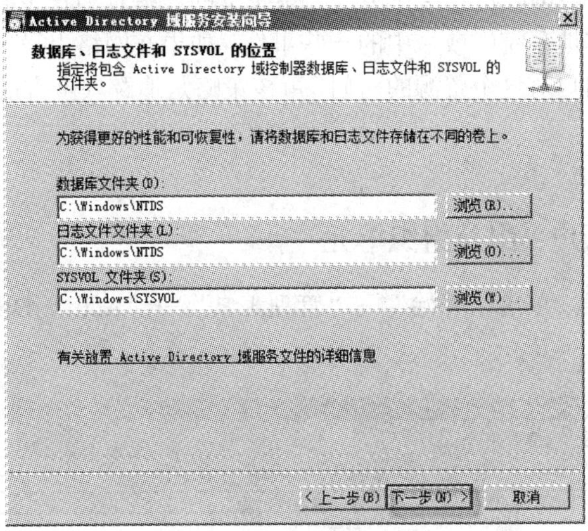

图 9-35 指定保存位置

任务 2：创建域账户、组及组织单元，组策略、安全管理模板、审核策略

【项目任务】

创建域账户，建立组及组织单元、组策略、安全管理模板与审核策略。

【技术要点】

域账户：

◆域账户是域控制器上创建的账户，所有域账户都属于 domain users 组；

◆域管理员账号属于 domain admins 组，具有管理域控制器的权限；

◆当计算机加入域时，会把域的组 domain users 加入到计算机的本地 users 组，会把域的组 domain admins 加入到计算机的本地 administrators 组；

◆域账号默认在域控制器上有权限，具体的权限需要根据授权设置确定；域账号在成员计算机上的权限是通过映射到本地用户组实现的。

组及组织单元：组织单元 OU（Organize Unit）与 Group 是完全不同的概念，OU 主要是为进行管理上层次组织，以及组策略的实施而设立的容器。不能为一个 OU 设置权限，可以为一个 OU 指定组策略，并且，可以为一个 OU 将权力委派控制给特定的用户、组或计算机，让其对 OU 内的成员有额外的权利。Group 相比起 OU，分类更为复杂一些。可以为组分配权力和权限，这一点 OU 是做不到的。总而言之，OU 定义的是谁可以管理我；组定义的是我可以管理谁。

组策略：组策略是管理员为用户和计算机定义并控制程序、网络资源及操作系统行为的主要工具。使用组策略可以设置各种软件、计算机和用户策略。例如，可使用"组策略"从桌面删除图标，自定义"开始"菜单并简化"控制面板"。此外，还可添加在计算机上（在计算机启动或停止时，以及用户登录或注销时）运行的脚本，甚至可配置 Internet Explorer。

安全管理模板：安全模板是一系列基于文本的 INF 文件，被保存在%SYSTEMROOT%\SECURITY\TEMPLATES 文件夹下。检查或更改这些个体模板最简单的方法是使用管理控制台（MMC）。

审核策略：审核策略可以将发生在用户和系统上的一些行为记录到系统日志中，通过系统日志可以分析发生在本地系统中或域中的一些事件。如果在网络上设置了访问许可，就有必要建立审核策略来追踪用户对这个资源的访问，审核策略是追踪安全方面用户事件的一个很好的工具。

【案例实现】

子任务 1：创建域账户、组及组织单元

（1）登录域控制器，单击"开始"→"管理工具"→"Active Directory 用户和计算机"选项（见图 9-36）。

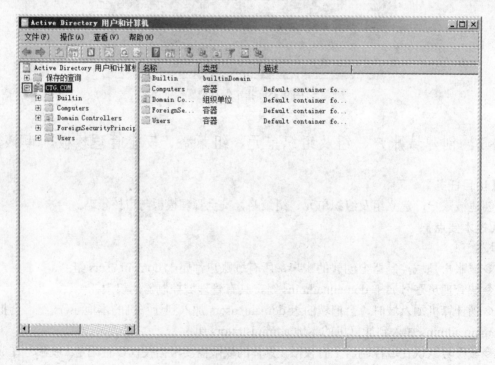

图 9-36　Active Directory 用户和计算机

（2）新建组织单位（OU）。组织单位（OU）相当于活动目录中的文件夹，如果用户账户较少，一般把创建的用户账户都存放在"域名\Users"文件夹中；如果用户账户较多，最好创建几个组织单位（OU），把用户账户分别存放在不同的组织单位中。组织单位可创建多层。

右击域名或某个 OU，在打开的快捷菜单中，选择"新建"→"组织单位"命令（见图 9-37），在弹出的对话框中，输入一个名称即可（见图 9-38）。

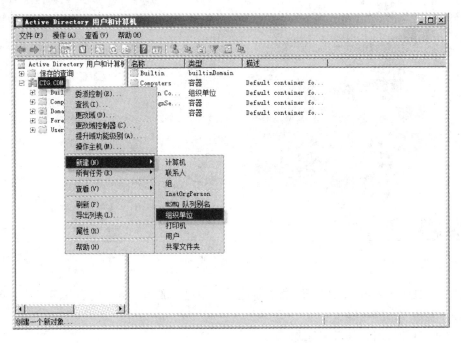

图 9-37　组织单位

注意：组织单位（OU）只是一个放置账户的文件夹，它不是域中的组账户，位于同一个 OU 中的用户账户可以隶属于不同的组，拥有的权利也可以不同。

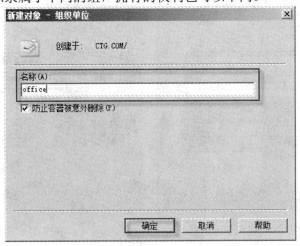

图 9-38　组织单位名称

（3）新建用户账户。在一个组织单位的名字上单击鼠标右键，在打开的快捷菜单中，选择"新建"→"用户"命令（见图 9-39），弹出"新建对象-用户"对话框。

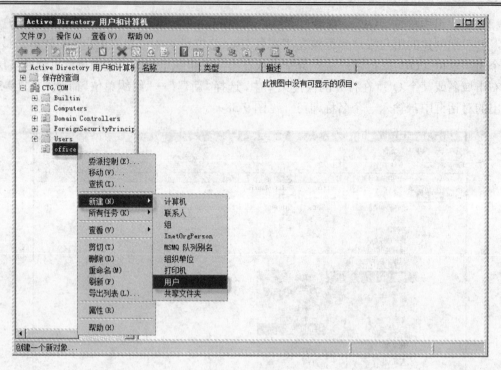

图 9-39　新建用户

分别设置用户登录名、账户密码和密码选项。创建完成后，这个用户账户将位于该组织单位中（见图 9-40 和图 9-41）。

用户账户的重命名、移动、删除

在"Active Directory 用户和计算机"窗口中，找到需要更改的用户，单击右键，在弹出的快捷菜单中可以选择要执行的操作（见图 9-42）。

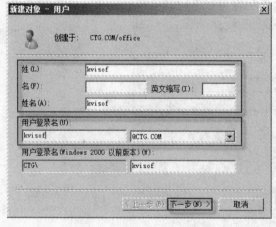

图 9-40　创建用户名/用户登录名

图 9-41　创建用户密码

（4）设置用户账户属性 在"Active Directory 用户和计算机"窗口中找到要设置的用户，双击该用户名，或在用户名上单击鼠标右键，在弹出的快捷菜单中选择"属性"选项，可以打开用户属性对话框。在"账户"选项卡中，用户登录名与账户姓名可以不同，如账户姓名一般应使用用户真实姓名，而账户登录名可以是其他名字。更改账户姓名可以用上面的重命名，或在

"常规"选项卡中更改，而账户登录名在"账户"选项卡中更改。账户密码过期设置默认为永不过期，也可根据情况设置过期期限（见图 9-43）。

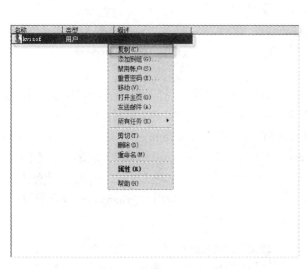

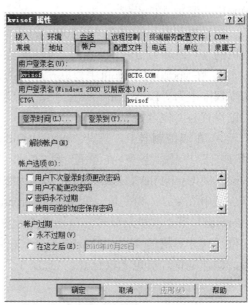

图 9-42　用户账户的常用操作　　　　　　　　　　图 9-43　"账户"选项卡

　　登录时间设置：单击【登录时间】按钮，可设置该账户允许的登录时间。默认是不受限制（见图 9-44）。

　　图 9-44 中，允许登录时间设置为星期一至星期五的早 7:00 点到 18:00 点。

　　登录计算机设置：单击【登录到】按钮，可以设置该账户允许登录的计算机。默认为域中所有计算机。可以根据情况设置为指定的若干计算机（见图 9-45）。

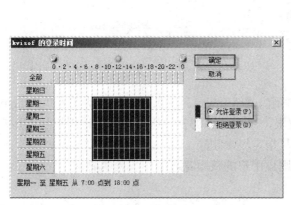

图 9-44　登录时间　　　　　　　　　　　　　　图 9-45　登录工作站

"配置文件"选项卡（见图9-46）。

默认情况下，配置文件路径为空，表示用户使用本地配置文件，没有登录脚本和主文件夹。漫游用户配置文件设置

假设想要在一台名为 vpc2008 的计算机的 UsersFile 文件夹下放置漫游配置文件，已知该机的 IP 地址为 192.168.1.5，则设置漫游配置文件的过程如下：

① 在 vpc2008 计算机中建立一个名为 UsersFile 文件夹，把该文件夹设置为"共享"，在共享权限中为"Everyone"设置"完全控制"权限，在安全权限中添加"Everyone"用户，权限也设置为"完全控制"。

② 在域控制器中，打开"Active Directory 用户和计算机"，打开要设置漫游配置文件的用户账户属性，在"配置文件"选项卡中设置配置文件的路径为：\\vpc2008\UsersFile\%Username% 或 \\192.168.1.5\UsersFile\%Username% 。

其中，%...% 为变量，变量 %Username% 表示用户名。设置完成后，当该账户（本例为zhangsan）第一次登录域时，在指定的计算机（本例为域控制器）上就可看到他的配置文件，它位于该计算机的 UsersFile\zhangsan 文件夹中，由于该文件夹是用户 zhangsan 的私有文件夹，即便是管理员也无权打开。"隶属于"选项卡（见图9-47）。

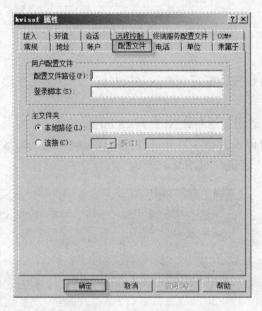

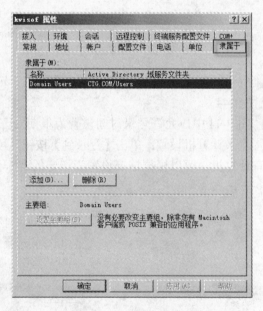

图9-46　"配置文件"选项卡　　　　　图9-47　"隶属于"选项卡

"隶属于"选项卡可用于变更用户所在的组。默认情况下，新建用户自动加入"Domain Users"组，该组用户只有很有限的权利和权限，单击【添加】按钮，可以将该用户加入指定的组中，单击【删除】按钮，可以将该用户从指定组中删除。

注意：如果一个用户同时属于多个组，则该用户的权限是各个组权限的叠加。

子任务2：组策略

1. 封锁QQ

（1）单击"开始"→"程序"→"管理工具"→"组策略管理"选项（见图9-48），也可以输入"gpmc.msc"命令。打开"组策略管理"窗口。

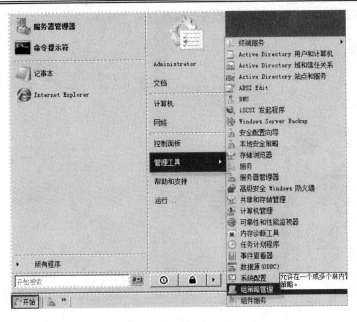

图 9-48　启动组策略管理工具

（2）在"组策略管理"窗口中，使用鼠标右键单击"组策略对象"，在打开的快捷菜单中选择"新建"选项（见图 9-49），新建一个组策略对象 office（见图 9-50）。

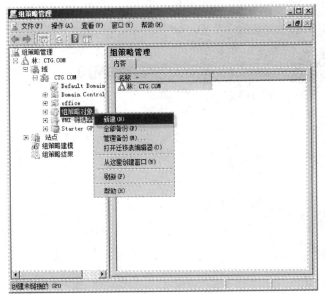

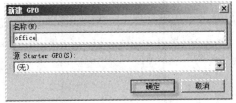

图 9-49　新建组策略对象　　　　　　　　图 9-50　输入组策略名称

（3）右击"office"选项，在打开的快捷菜单中，选择"编辑"选项，编辑组策略（见图 9-51）。

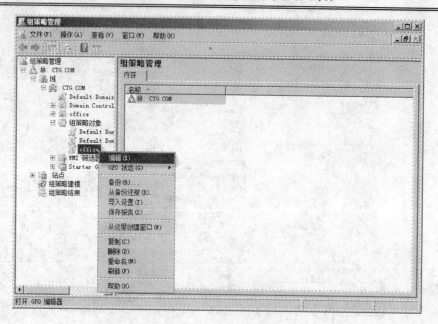

图 9-51　编辑组策略

① 组策略分为计算机策略和用户策略，计算机策略针对 OU 里面有计算机对象的才能生效，如果 OU 里面没有计算机，计算机策略是不能生效的，用户策略则是针对用户的（见图 9-52）。

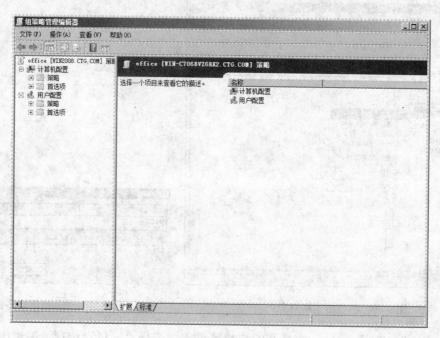

图 9-52　组策略管理编辑器

② 单击"用户配置"→"Windows 设置"→"安全设置"选项，右击"软件限制策略"选项，在打开的快捷菜单中选择"创建软件限制策略"选项（见图 9-53），当前针对用户的策略来封锁程序。

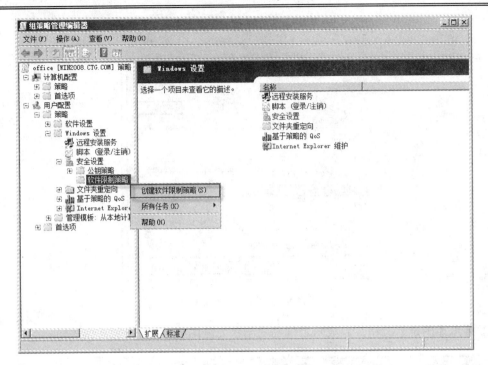

图 9-53 创建软件限制策略

③ 右击"其他规则"选项，在打开的快捷菜单中选择"新建哈希规则"选项（见图 9-54）。

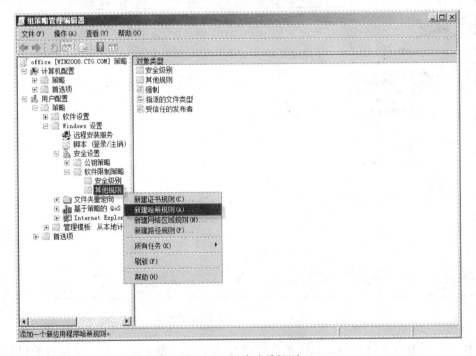

图 9-54 新建哈希规则

④ 单击【浏览】按钮，找到 QQ.exe，则会自动读取 QQ 的哈希值（见图 9-55）。

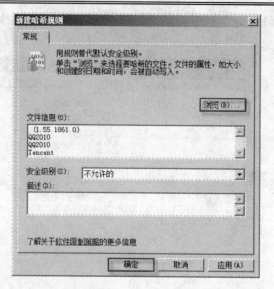

图 9-55　设置哈希规则

⑤ 单击【确定】按钮，完成哈希规则的创建（见图 9-56）。

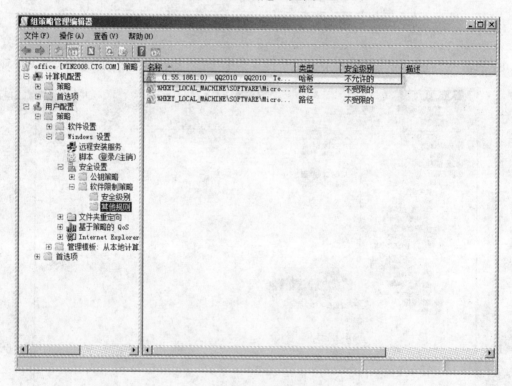

图 9-56　完成哈希规则创建

路径可以用万有字符代替，只要路径中包含该字符，则无法访问。这样做的目的是一旦
QQ 的哈希值升级变更大了，还能用路径规则限制 QQ 的访问。

（4）右击"office"选项，在打开的快捷菜单中，选择"链接现有 GPO（L）"选项，选择
链接现有 GPO（见图 9-57 和图 9-58）。

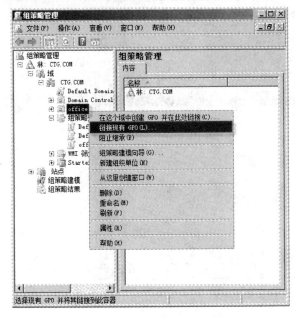
图 9-57　链接现有 GPO

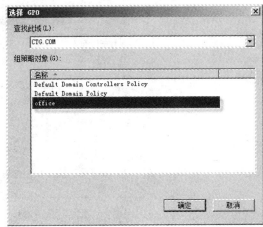
图 9-58　选择 GPO

链接完成后，查看组织单元 office 链接的组策略（见图 9-59）。

单击"组策略继承"选项卡，可以看到继承了默认的组策略（见图 9-60）。

（5）在客户端命令行方式下，输入"gpudate /force"命令，手动刷新组策略（见图 9-61）。

（6）在客户端，运行 QQ 程序，则出现错误提示（见图 9-62）。

2．USB 存储封锁

用户不管在任何计算机，都不能使用 USB 接口，针对计算机的则是不管是什么用户到该计算机上都无法使用 USB 接口，根据实际情况进行选择。

（1）单击"用户配置"→"管理模板"→"系统"→"可移动存储访问"选项（见图 9-63）。

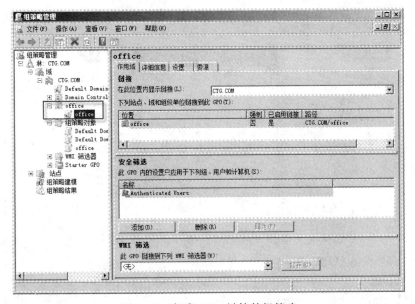
图 9-59　查看 office 链接的组策略

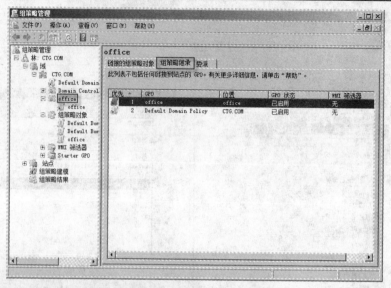

图 9-60　查看组策略继承

图 9-61　更新组策略

图 9-62　启动 QQ 的错误提示

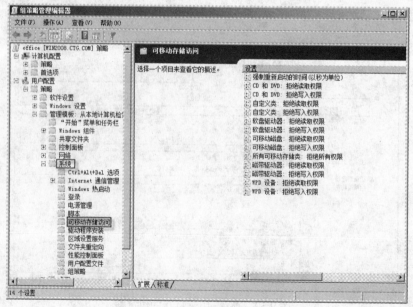

图 9-63　编辑可移动存储访问

（2）双击"可移动磁盘：拒绝读取权限"，选择"已启用"单选按钮（见图9-64）。

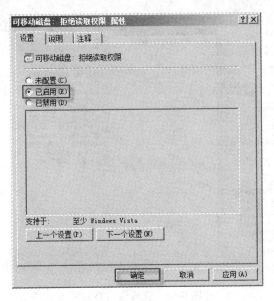

图 9-64 编辑可移动磁盘拒绝读取权限

（3）右击"可移动磁盘：拒绝写入权限"选项，在打开的快捷菜单中选择"属性"选项，编辑拒绝写入权限（见图9-65），设置两个策略（见图9-66）。

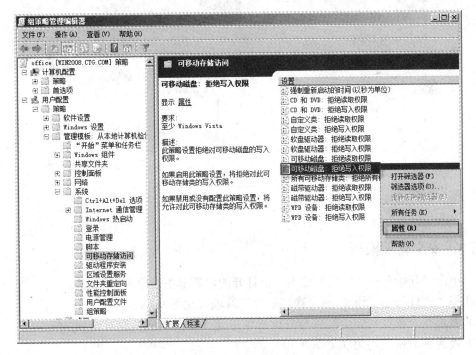

图 9-65 打开可移动磁盘拒绝写入权限窗口

（4）在客户端刷新一次，再插入 U 盘，此时 U 盘无法访问（见图9-67）。

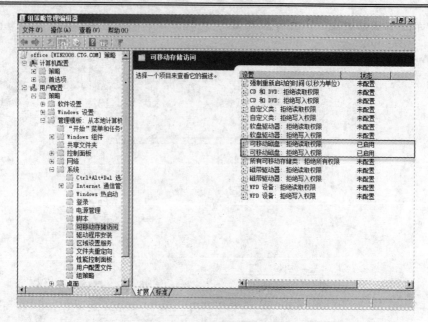

图 9-66　完成组策略编辑

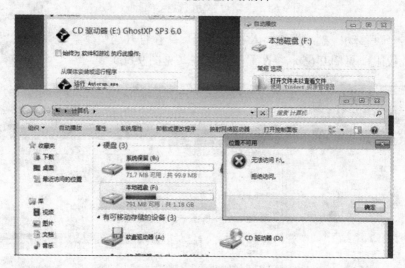

图 9-67　拒绝访问 U 盘

子任务 3：安全管理模板

（1）单击"开始"→"运行"选项，在打开的对话框中，输入"mmc"命令，在打开的窗口中，选择"文件"→"添加/删除管理单元"选项（见图 9-68）。

（2）添加安全模板和安全配置与分析管理单元（见图 9-69）。

（3）设置强制密码历史（见图 9-70）。

（4）设置用户密码长度最小值（见图 9-71）。

（5）设置密码复杂性检查（见图 9-72）。

（6）设置账户锁定阈值（见图 9-73）。

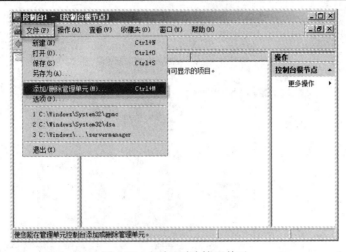

图 9-68　添加/删除管理单元

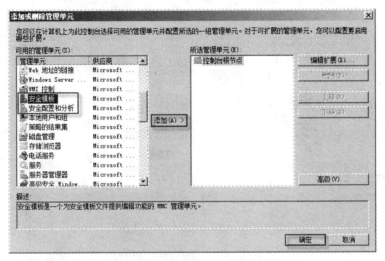

图 9-69　添加安全模板和安全配置与分析管理单元

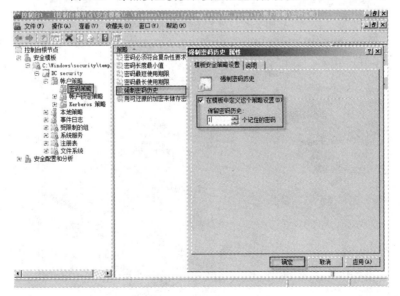

图 9-70　设置强制密码历史

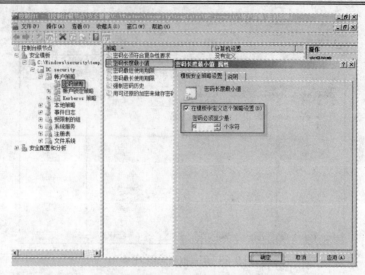

图 9-71　设置用户密码长度最小值

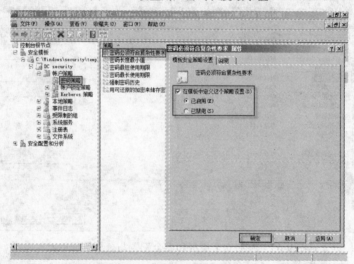

图 9-72　设置密码复杂性检查

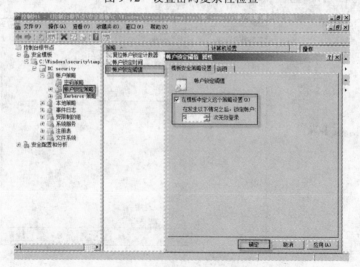

图 9-73　设置账户锁定阈值

（7）右击"安全配置和分析"选项，在打开的快捷菜单中，选择"打开数据库"选项（见图9-74）。

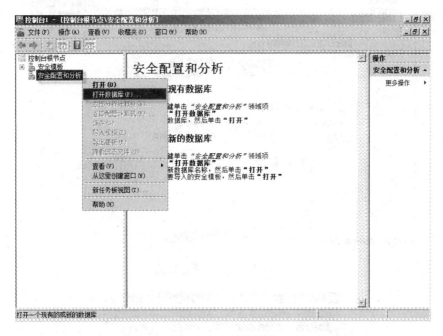

图 9-74　打开数据库

（8）为数据库命名并打开数据库（见图9-75）。

（9）在"导入模板"对话框中，选择相关模板（见图9-76）。

（10）右击"安全配置和分析"选项，在打开的快捷菜单中选择"立即分析计算机"选项，分析导入的模板与当前设置进行比较（见图9-77）。

图 9-75　数据库名称

图 9-76　导入安全模板

（11）指定分析计算机后接受默认的"错误日志文件路径"（见图9-78）。

（12）完成分析后，展开节点标题对结果进行研究（见图9-79）。

（13）右击"安全配置和分析"选项，在打开的快捷菜单中选择"导出模板"选项（见图9-80）。

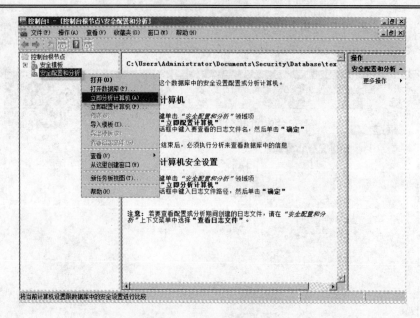

图 9-77　立即分析计算机

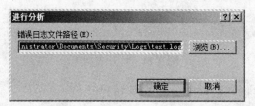

图 9-78　错误日志文件路径

图 9-79　计算机安全配置和分析信息

（14）在需要应用此安全设置的位置上导入安全模板 Staff.inf（见图 9-81）。

（15）右击"安全配置和分析"选项，在打开的快捷菜单中选择"立即配置计算机"选项（见图 9-82）。

图 9-80 导出模板

图 9-81 导入模板

图 9-82 立即配置计算机

　　（16）输入接受默认的"错误日志文件路径"（见图 9-83），开始配置计算机安全（见图 9-84）。

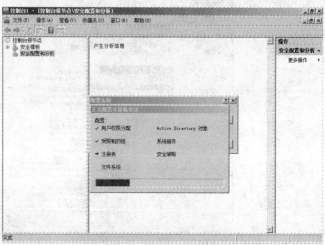

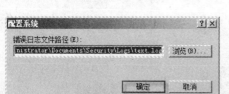

图 9-83　错误日志文件路径　　　　　　　　图 9-84　正在配置计算机安全

子任务 4：审核策略

　　（1）单击"开始"→"管理工具"→"组策略管理"选项，或者运行"gpmc.msc"命令，打开"组策略管理"窗口，单击"林"→"域"→"ctg.com"选项，右击"Default Domain Plicy"选项，在打开的快捷菜单中选择"编辑"选项（见图 9-85）。

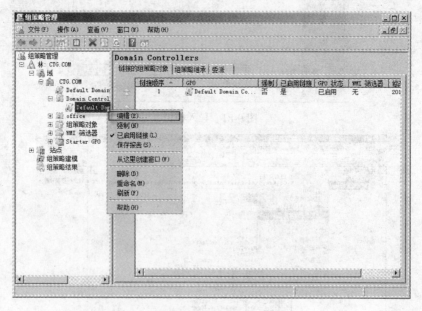

图 9-85　编辑组策略

　　（2）单击"计算机配置"→"策略"→"Windows 设置"→"安全设置"→"本地策略"→"审核策略"选项，右击"审核目录服务访问"选项，在打开的快捷菜单中选择"属性"选项，在"审核目录服务访问"窗口中，选中"定义这些策略设置"复选框。在"审核这些操作"下，选中"成功"复选框（见图 9-86）。

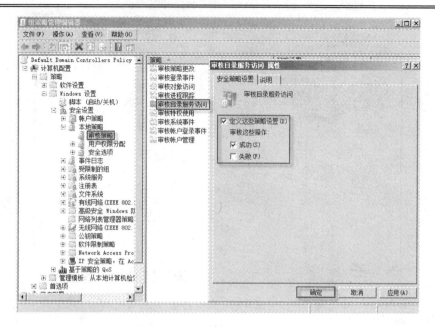

图 9-86 审核目录服务访问

（3）使用命令行启用更改审核策略。

输入命令：auditpol /set subcategory:"目录服务更改" /success:enable

（4）启用更改审核策略。

可以输入命令 auditpol /get /category:* /r 显示策略使用情况。

注意：subcategory 后面可以是目录服务策略字符，也可以是目录服务策略的 GUID。如果在英文 2008 状态，目录服务策略字符必须是英文；在中文 2008 状态，目录服务策略字符必须是中文。否则会出现如下错误：

```
C:\Users\Administrator>auditpol /get /subcategory:"Directory Service Changes" /s
uccess:enable
发生错误 0x00000057:
参数错误。
```

输入 auditpol /get /subcategory:{0CCE923A-69AE-11D9-BED3-505054503030} 查看策略设置情况。

```
C:\Users\Administrator>auditpol /get /subcategory:{0CCE923A-69AE-11D9-BED3-50505
4503030}
系统审核策略
类别/子类别                                        设置
帐户管理
  其他帐户管理事件                                 成功
```

（5）在对象中设置审核。

① 在"Active Directory 用户和计算机"窗口中，单击"查看"→"高级功能"选项（见图 9-87）。

② 右键单击需要启用审核的组织单位（OU）（CTG_OU），在打开的快捷菜单中选择"属性"选项，打开"安全"选项卡，单击【高级】按钮（见图 9-88）。

③ 打开"审核"选项卡，单击【添加】按钮（见图 9-89）。

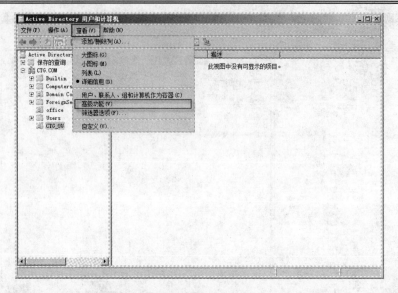

图 9-87 高级功能

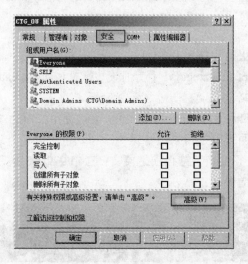

图 9-88 "安全"选项卡

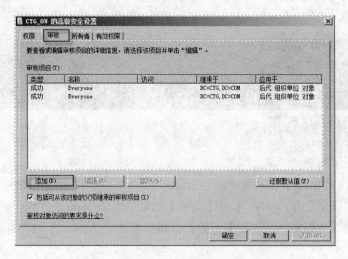

图 9-89 审核项目

④　在"输入要选择的对象名称"下输入"Authenticated Users"（或任何其他安全主体）
（见图 9-90）。

⑤　在"应用到"中，单击"子用户对象"（或任何其他对象）。在"访问"下，勾选"写
入全部属性"下的"成功"复选框（见图 9-91）。

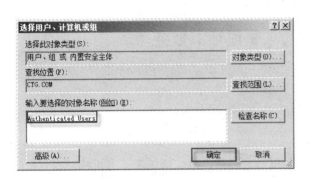

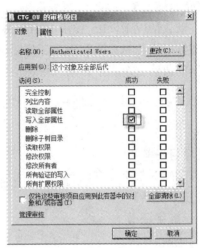

图 9-90　选择用户、计算机或组　　　　　　　图 9-91　勾选"写入全部属性"

注意：如果属性菜单中没有"安全"选项卡，请在 Active Directory 用户和计算机管理控
制台选择"菜单"中的"高级功能"。

（6）检验 AD 改变与事件日志。

可以在 CTG_OU 这个组织单元中进行新建用户、修改用相关属性、移动用户等操作后，
打开事件查看器查看安全日志，会发现一些事件 ID 为 5136（修改）、5137（创建）、5138（恢
复）、5139（移动）的目录服务审核事件。

项目 10 配置与管理证书服务

【项目情景】

在默认情况下，IIS 使用 HTTP 协议以明文形式传输数据，没有采取任何加密措施，用户的重要数据很容易被窃取，CTG 集团公司为保护局域网中的重要数据，准备采用 SSL 增强 IIS 服务器的通信安全，作为系统管理员负责实施。

任务：配置与管理证书服务

【项目任务】

安装配置数字证书。

【技术要点】

1. 数字证书

数字证书是一种权威性的电子文档，由权威、公正、可信赖的第三方机构，即 CA 证书授权（Certificate Authority）中心签发的证书。

以数字证书为核心的加密技术可以对网络上传输的信息进行加密和解密、数字签名和签名验证，确保网上传递信息的机密性、完整性。使用了数字证书，即使发送的信息在网上被他人截获，甚至丢失了个人的账户、密码等信息，仍可以保证账户、资金安全。

顾客利用电子商务技术能够极其方便、轻松地获得商家和企业的信息，这也增加了对某些敏感或有价值的数据被滥用的风险。为了保证互联网上电子交易及支付的安全性、保密性等防范交易及支付过程中的欺诈行为，必须在网上建立一种信任机制。这就要求参加电子商务的买方和卖方都必须拥有合法的身份，并且在网上能够有效无误地被进行验证。数字证书能提供在 Internet 上进行身份验证的一种权威性电子文档，人们可以在互联网交往中用它来证明自己的身份和识别对方的身份。

2. SSL

SSL（Security Socket Layer）安全套接字协议层，SSL 协议位于 TCP/IP 协议与各种应用层协议之间，为数据通信提供安全支持。SSL 协议可分为两层：SSL 记录协议（SSL Record Protocol）建立在可靠的传输协议（如 TCP）之上，为高层协议提供数据封装、压缩、加密等基本功能的支持；SSL 握手协议（SSL Handshake Protocol）建立在 SSL 记录协议之上，用于在实际的数据传输开始前，通信双方进行身份认证、协商加密算法、交换加密密钥等。

SSL 协议提供的服务主要有：

◈ 认证用户和服务器，确保数据发送到正确的客户端和服务器；

◈ 加密数据，以防止数据被中途窃取；

◈ 维护数据的完整性，确保数据在传输过程中不被改变。

3. 建立 SSL 安全机制

服务器认证阶段：

（1）客户端向服务器发送一个开始信息"Hello"，以便开始一个新的会话连接；

（2）服务器根据客户的信息确定是否需要生成新的主密钥，如需要则服务器在响应客户的

"Hello"信息时将包含生成主密钥所需的信息；

（3）客户根据收到的服务器响应信息，产生一个主密钥，并用服务器的公开密钥加密后传给服务器；

（4）服务器恢复该主密钥，并返回给客户一个用主密钥认证的信息，以便让客户认证服务器。

客户端认证阶段：

在此之前，服务器已经通过了客户端认证，本阶段主要完成对客户端的认证。经认证的服务器发送一个提问给客户端，客户端则返回（数字）签名后的提问和其公开密钥，从而向服务器提供认证。

https 是以安全为目标的 HTTP 通道，简单讲是 HTTP 的安全版，即 HTTP 下加入 SSL 层，https 的安全基础是 SSL。

【任务实现】

任务准备：

服务器

操作系统：Windows Server 2008

IP 地址：192.168.1.1/24

客户端

操作系统：Windows Server 2003

配置 IP 地址 192.168.1.2/24

1.　安装证书服务

（1）在"服务器管理器"窗口中，右击"角色"选项，在打开的快捷菜单中选择"添加角色"选项，打开"添加角色向导"对话框，在"服务器角色"对话框中，选择"Active Directory 证书服务"和"Web 服务器（IIS）"（见图 10-1）。

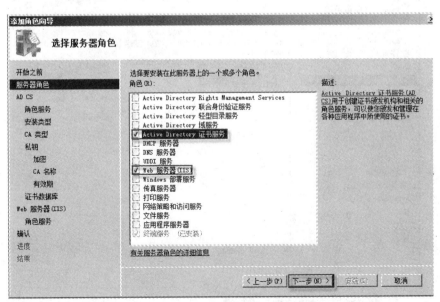

图 10-1　添加"Active Directory 证书服务"角色

（2）在"选择角色服务"对话框中，选择为 Web 服务器（IIS）安装的角色服务（见图 10-2）。

图 10-2　添加"Web 服务器（IIS）"角色

（3）选择"证书颁发机构"与"证书颁发机构 Web 注册"复选框（见图 10-3）。

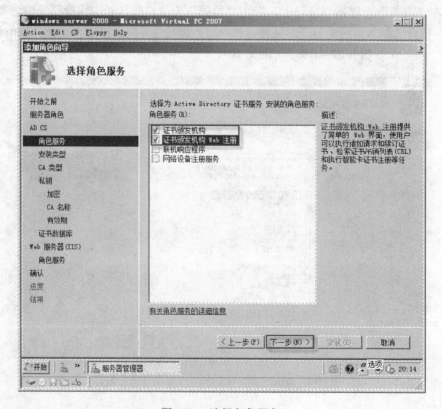

图 10-3　选择角色服务

（4）在"指定安装类型"对话框中，选择"企业"单选按钮（见图 10-4）。

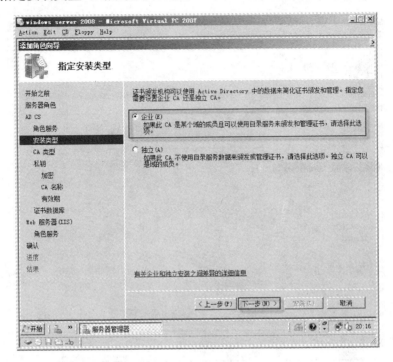

图 10-4 选择"企业"

（5）在"指定 CA 类型"对话框中指定 CA 类型，此处选择"根 CA"单选按钮（见图 10-5），第一次安装或是公钥基础结构中唯一证书颁发机构必须选择此项。

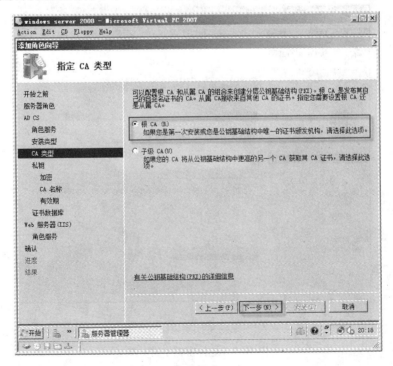

图 10-5 选择"根 CA（R）"

（6）在"私钥"对话框中设置私钥，选择"新建私钥"单选按钮（见图 10-6）。

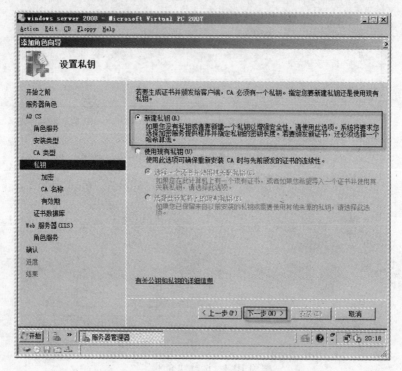

图 10-6　选择"新建私钥" 单选按钮

（7）在"加密"对话框中，为 CA 配置加密，选择密钥字符长度（见图 10-7）。

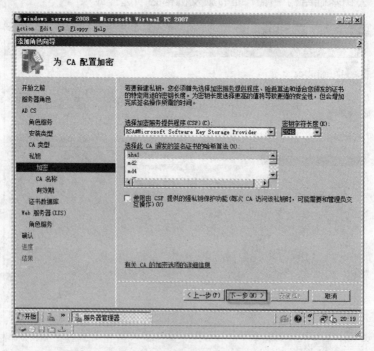

图 10-7　选择密钥字符长度

（8）在"配置 CA 名称"对话框中，指定 CA 公用名称（见图 10-8）。

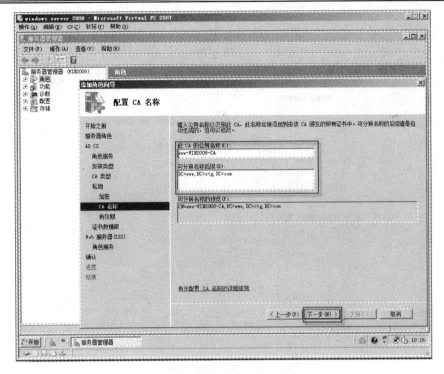

图 10-8 输入 CA 的公用名称

（9）在"设置有效期"对话框中设置有效期（见图 10-9）。

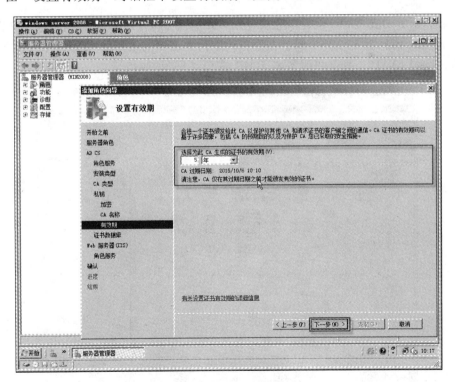

图 10-9 定义 CA 的有效期

（10）在"证书数据库"对话框中配置证书数据库（见图 10-10）。

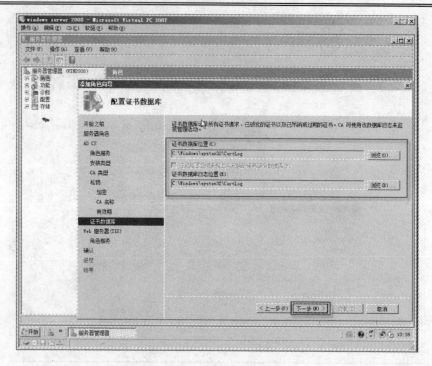

图 10-10　配置证书数据库

2. 配置 SSL 网站

（1）创建请求证书文件。

完成证书服务的安装后，就可以为要使用 SSL 安全机制的网站创建请求证书文件。

在"Internet 信息服务（IIS）管理器"窗口中，单击"网站"→"CertSrv"→"服务器证书"选项（见图 10-11），打开"服务器证书"窗口（见图 10-12）。

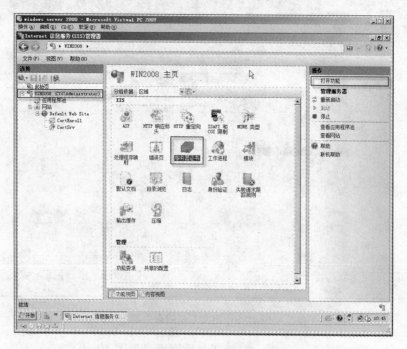

图 10-11　服务器证书

图 10-12　"服务器证书"窗口

单击"创建证书申请"，输入必要的信息（见图 10-13）。

图 10-13　申请证书（1）

在"加密服务提供程序属性"对话框中，指定加密服务提供程序属性（见图 10-14）。

在"文件名"对话框中，为证书申请指定文件名（见图 10-15）。

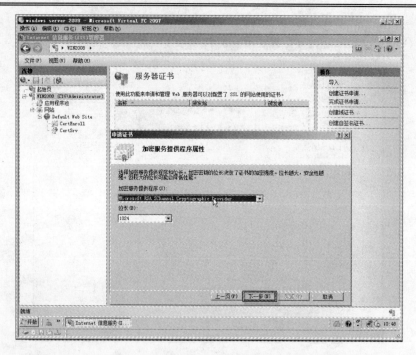

图 10-14　指定加密服务提供程序属性

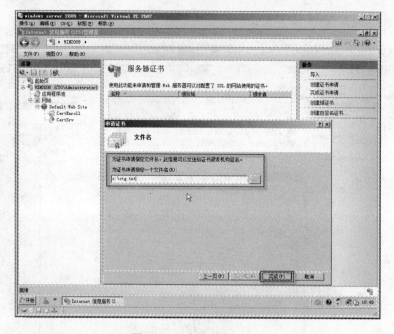

图 10-15　申请证书（2）

（2）申请服务器证书

在服务器端的 IE 浏览器地址栏中输入："http://192.168.1.1/certsrv/ default.asp"，出现 "欢迎使用" 页面，单击 "Request a certificate" 链接（图 10-16）。

单击 "Advanced certificate request" 链接（见图 10-17），进入高级证书申请页面。

单击"Submit a certificate request by using a base-64-encoded CMC or PKCS#10 file，or submit a renewal request by using a base-64-encoded PKCS#7 file" 链接（见图 10-18），使用 BASE64 编

码的 CMC 或 PKCS#10 或 BASE64 编码的 PKCS#7 提交一个证书申请，打开刚生成的 "certreq.txt" 文件，将其中的内容复制到 "保存的申请" 文本框后，单击【Submit】→【Download certificate 】按钮，下载证书（见图 10-19 和图 10-20）。

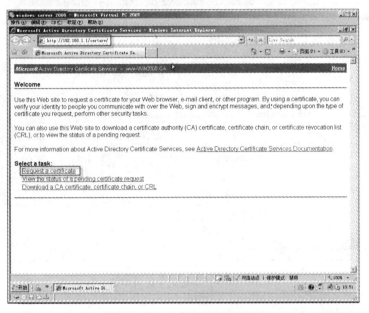

图 10-16　　"欢迎使用" 页面

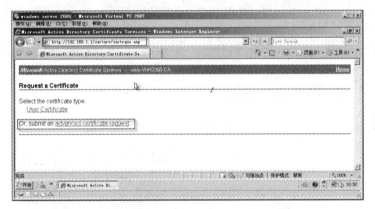

图 10-17　单击 "Advanced certificate request" 链接

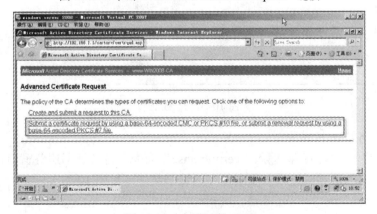

图 10-18　申请证书（3）

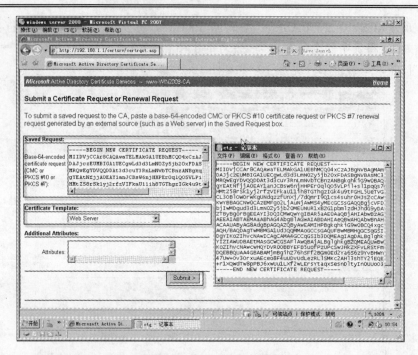

图 10-19　提交一个证书申请

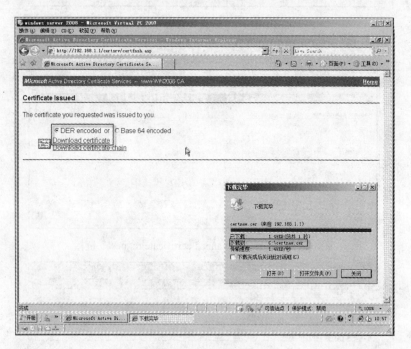

图 10-20　下载证书

（3）颁发服务器证书

单击"开始"→"运行"，输入"certmgr.msc"命令，打开证书服务窗口，单击"个人"选项，右击"证书"选项，选项入刚刚保存的证书文件（见图 10-21）。

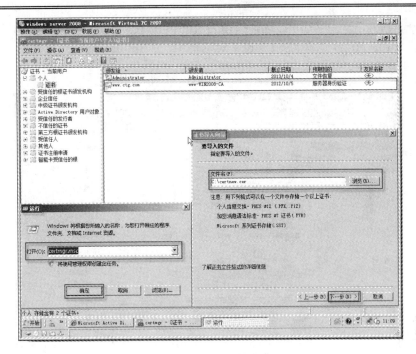

图 10-21 导入文件

打开 "Internet 信息服务 (IIS) 管理器" 窗口，单击 "完成证书申请" 选项，指定证书文件（见图 10-22）。

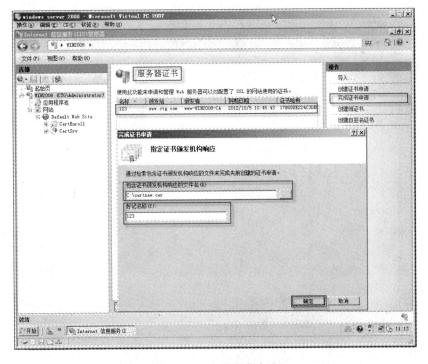

图 10-22 完成证书申请

（4）安装服务器证书。

打开 "Internet 信息服务 (IIS) 管理器" 窗口，单击 "Default Web Site" 默认网站，单击

"ssl 设置"→"绑定"→"添加"，选择类型为"https"，IP 地址为"192.168.1.1"，设置 SSL 端口为"443"（见图 10-23）。在"SSL"设置对话框中，选中"要求 SSL"复选框（见图 10-24）。（注意：这一步在客户端设置完成后最后设置。）

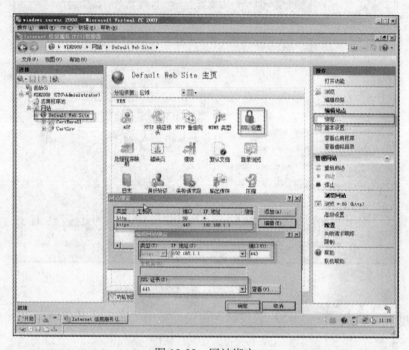

图 10-23　网站绑定

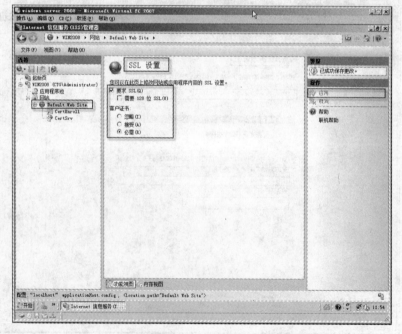

图 10-24　SSL 应用

3. 配置客户端

在客户端上输入"http://192.168.1.1/certsrv/default.asp"，单击"Request a Certificate"链接（见图 10-25）。

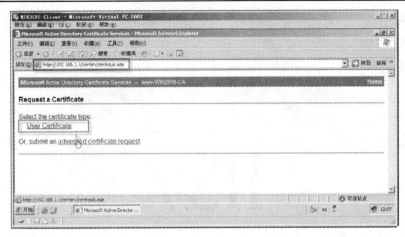

图 10-25 客户端申请证书

单击"user certificate"（见图 10-26），再单击"Install this certificate"（见图 10-27）。
在客户端地址栏中输入 https://192.168.1.1（见图 10-28）。

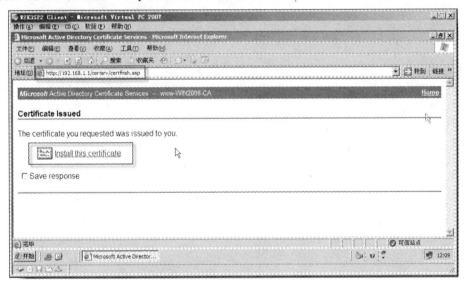

图 10-26 安装客户端证书（1）

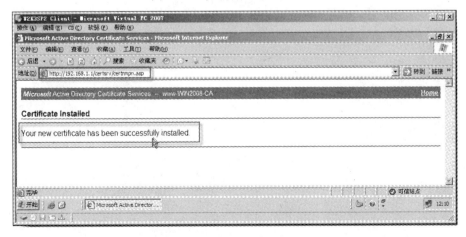

图 10-27 安装客户端证书（2）

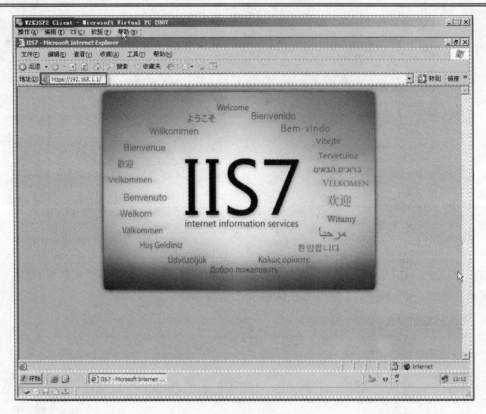

图 10-28 成功访问网页

项目 11 配置远程访问和网络访问保护

【项目情景】

CTG 集团计划在总部部署网络访问保护功能（NAP），从而确保访问重要资源的计算机能够满足一定条件的客户端健康标准。如果计算机不满足健康策略指标，NAP 会强制限制其对网络资源的访问。

集团公司计划采用 DHCP NAP 强制方式进行网络访问保护，未通过安全健康检查的终端客户机可以访问预定义的"更新服务器"进行软件更新和反病毒软件升级，从而达到健康检查指标，见附录 A 图 A-6，由系统管理员负责实施。

任务 1：配置远程访问

【项目任务】

企业打算允许员工远程办公，需要为员工提供能够访问企业内部网络中资源的方法，确定采用远程访问服务 RAS（Remote Access Service）。

【技术要点】

VPN（Virtual Private Network）：虚拟专用网络指是通过 Internet 与局域网络之间或单点之间安全地传递数据的技术。利用 Internet 或其他公共互联网络的基础设施为用户创建隧道（在公网上传递私有数据的一种方式，安全隧道是指在公网上几方之间进行数据传输中，保证数据安全及完整的技术），使用 PPTP、L2TP/IPSec 两种隧道协议进行安全的数据通信，所以能提供与专用网络一样的安全和功能保障。

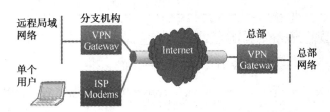

图 11-1 远程访问结构

VPN 主要特性：

◇ 安全性高——VPN 采用加密协议进行通信，保证数据传输的安全性。

◇ 节省成本——可以直接使用公共的 Internet 网络建构，节省建构私有网路的成本。

◇ 扩展性和灵活性——能够支持通过 Intranet 和 Extranet 的任何类型的数据流，方便增加新的节点，支持多种类型的传输媒介，可以满足同时传输语音、图像和数据等新应用对高质量传输及带宽增加的需求。

VPN 的分类：

一条 VPN 连接由客户机、隧道和服务器三部分组成。

VPN 按照服务类型分为：

◇ 远程访问虚拟网（Access VPN）

◈ 企业内部虚拟网（Intranet VPN）

◈ 企业扩展虚拟网（Extranet VPN）

新协议 SSTP：

SSTP 是微软提供的新一代虚拟专用网（VPN）技术，它的全称是安全套接层隧道协议（Secure Socket Tunneling Protocol，SSTP），和 PPTP、L2TP/IPsec 一样，也是微软所提供的 VPN 技术。在拥有最大弹性发挥的同时，又确保信息安全达到了一定程度。通过使用此项新技术，可以使防火墙管理员更容易地配置策略，使 SSTP 流量通过其防火墙。它提供了一种机制，将 PPP 数据包封装在 HTTPS 的 SSL 通信中，从而使 PPP 支持更加安全的身份验证方法，如 EAP-TLS 等。

【任务实现】

SSTP VPN 服务器搭建环境（见图 11-2）：

三台机器完成全部操作，其中两台是 Windows Server 2008 企业版，一台是 Vista 版。注意，这其中会涉及公有 DNS 解析问题，在本操作中，以 Hosts 文件中写入相关信息代替（否则还需安装 DNS 服务器）。网络拓扑及详细说明如下：

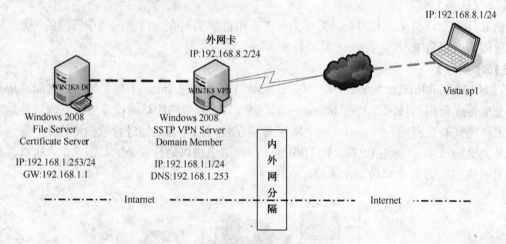

图 11-2　SSTP VPN 网络拓扑

（1）图中 WIN2K8 DC 是一台 Windows Server 2008 域制器，名为 WIN2K8dc.ctg.com，充当 DC CA（企业根）、File Server 角色。

IP Address：192.168.1.253/24

Gateway：192.168.1.1

DNS：192.168.1.253

（2）图中 WIN2K8 VPN 是一台 Windows Server 2008 服务器，域成员，充当 RRAS 、SSTPVPN、IIS 服务器。两块网卡。

内网卡 IP Address：192.168.1.1/24

DNS：192.168.1.253

外网卡 IP Address：192.168.8.2/24

DNS：192.168.1.253（真实环境中这块网卡是有网关和公有 DNS 的）

（3）图中 Vista 是一台安装有 Vista 操作系统的笔记本电脑，位于 Internet 上的任意位置。

IP Address：192.168.8.1/24

具体操作如下。

（1）在 WIN2K8 DC 上安装 AD 证书服务，并设置为企业根。在 WIN2K8 DC 上安装 AD 证书，见项目 10。

（2）在 WIN2K8VPN 服务器上安装 IIS7.0。

进行安装之前，请确认 WIN2K8 VPN 服务器加入了域：ctg.com，且在此机器登录时是以域用户进行登录 ctg\administrator。

在 WIN2K8VPN 服务器上安装 IIS7.0，安装过程见项目 8。通常情况下，并不建议把 Web 服务器安装在一个负责网络安全的设备中，在此场景中，在 WIN2K8 VPN 服务器中安装 IIS7.0 的目的，就是借此来在线提交企业 CA，完成机器证书申请。

（3）在 WIN2K8 VPN 服务器上使用 IIS7.0 中的证书请求向导，为 WIN2K8 VPN 服务器请求一个机器证书。

在第（2）步操作中，安装了 IIS7.0 服务器，下一步为 WIN2K8 VPN 服务器申请一个机器证书。

WIN2K8 VPN 服务器需要一个机器证书来创建与 SSL VPN 客户端的 SSL VPN 正确连接。这个机器证书中的"通用名称"必须是 SSL VPN 客户端连接 WIN2K8 VPN 服务器所使用的名字（DNS 域名）。故为了解析 WIN2K8 VPN 服务器的公网 IP 地址，需要为此名字创建 DNS 记录。

① 以域用户进行登录，在"服务器管理器"窗口中，选择"角色"→"Web 服务器（IIS）"→"Internet 信息服务（IIS）管理器"选项（见图 11-3），单击中间控制面板中的"SSTPVPN"（此处应是 CTG\Administrator）。在右侧控制面板中双击"服务器证书"选项。

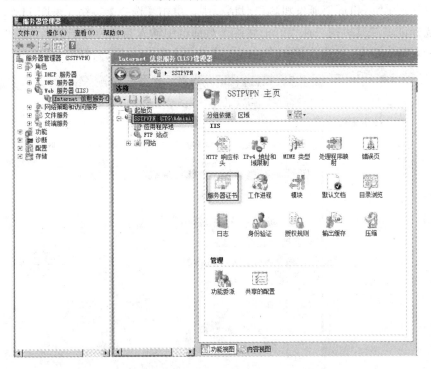

图 11-3 申请机器证书

② 在"服务器证书"窗口中，单击"创建域证书"，在弹出的"可分辨名称属性"对话框中，填入相应内容，单击【下一步】按钮（见图 11-4）。值得注意的是，这里的 sstp.ctg.com 是对应到 WIN2K8 VPN 服务器的外部 IP，且需要在 SSTP VPN 客户端的主机文件里新建 DNS A 记录。

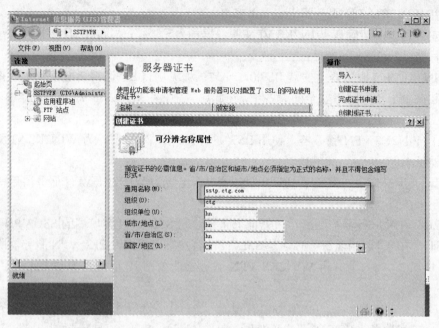

图 11-4　创建域证书

③ 在打开的"联机证书颁发机构"对话框中，单击【选择】按钮（见图 11-5），在弹出的对话框中选择证书颁发机构。在"好记名称"对话框中输入自认为好记的名称（见图 11-6）。（只有显示 ctg\users 时，才会出现图中标示的【选择】按钮可用。否则，需要手工填写。）

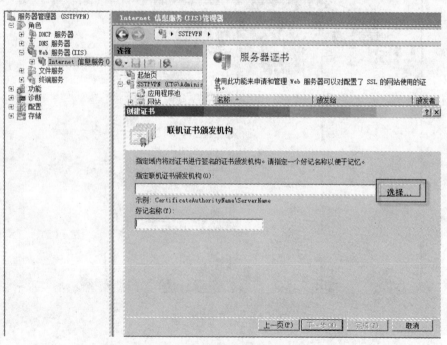

图 11-5　单击【选择】按钮

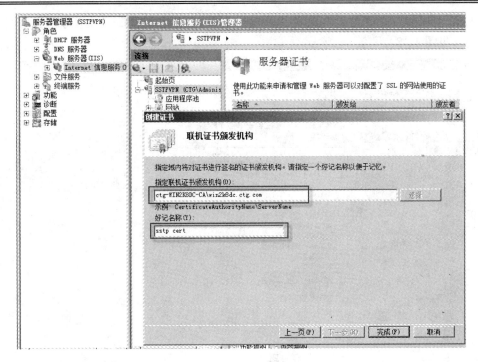

图 11-6　选择证书颁发机构

④ 单击【完成】按钮，将显示创建完成后的证书信息界面（见图 11-7）。

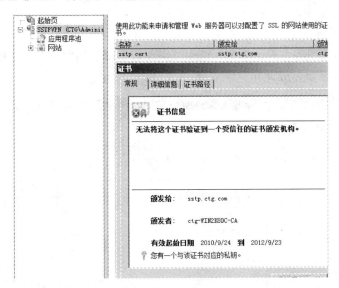

图 11-7　证书信息

（4）在 WIN2K8 VPN 服务器上安装 RRAS 角色，并配置其为 VPN 和 NAT 服务器。

WIN2K8 VPN 服务器作为 VPN 服务器并且实现 NAT 的功能，SSL VPN 客户端需要下载 CRL（证书吊销列表），这时的 NAT 起到转发此通信流量至内部网络的 AD CA 服务器上的功能。否则，WIN2K8 VPN 服务器连将接失效。为了能访问内部网络的 CRL，不但要配置 WIN2K8 VPN 服务器作为 NAT 服务器，还要再通过 NAT 来发布 CRL。

① 在 WIN2K8 VPN 服务器上，在"服务器管理器"窗口中，单击"添加角色"选项，打

开"添加角色向导",在"角色"选项中,选中"网络策略和访问服务"复选框,单击【下一步】按钮(见图11-8)。

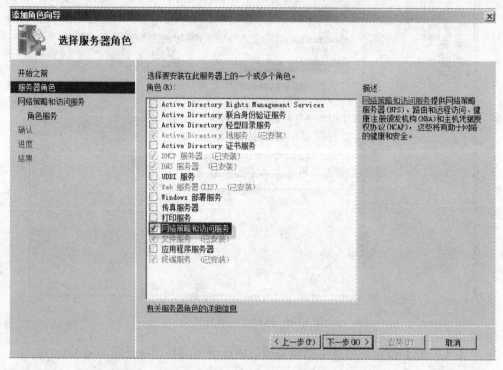

图 11-8　选中"网络策略和访问服务"复选框

② 在"选择角色服务"对话框中,选中"路由和远程访问服务"复选框,单击【下一步】按钮(见图11-9),直至完成此角色的安装。

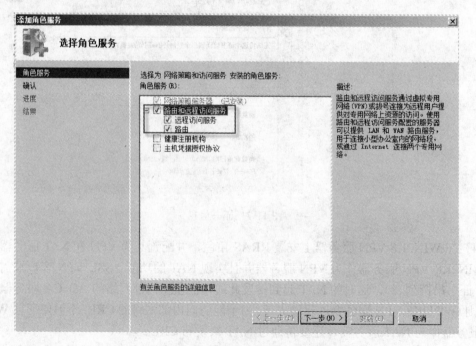

图 11-9　安装网络策略和访问服务

③ 完成安装后，单击"角色"→"网络策略和访问服务"选项，右击"路由和远程访问"选项，在打开的快捷菜单中选择"配置并启用路由和远程访问"选项（见图 11-10），单击【下一步】按钮。

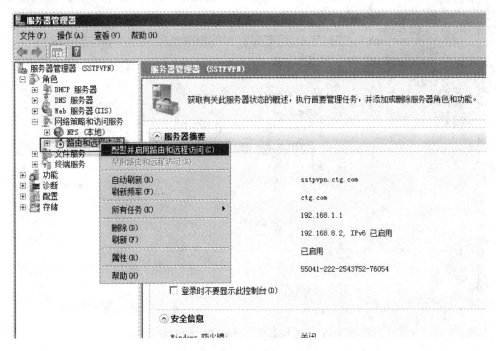

图 11-10   选择"配置并启用路由和远程访问"选项

④ 在打开的"配置"对话框中，选中"虚拟专用网络（VPN）访问和 NAT"单选按钮（见图 11-11），单击【下一步】按钮。

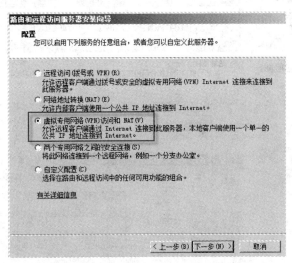

图 11-11   配置并启用路由和远程访问

⑤ 在"VPN 连接"对话框中，选择名称为"wai"的网络接口后，单击【下一步】按钮（见图 11-12）。

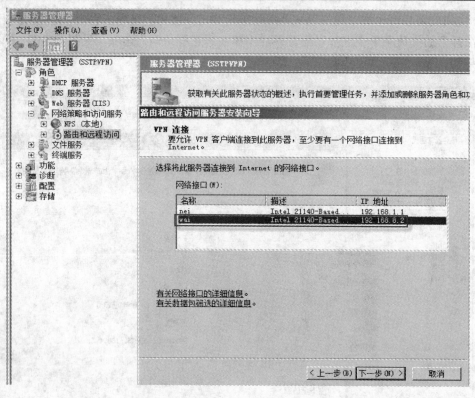

图 11-12　选择名称为"wai"的网络接口

⑥ 选择"来自一个指定的地址范围"。在"地址范围分配"对话框中，输入起始 IP 地址和结束 IP 地址（该地址用于客户端 VPN 连接），单击【下一步】按钮（见图 11-13）。

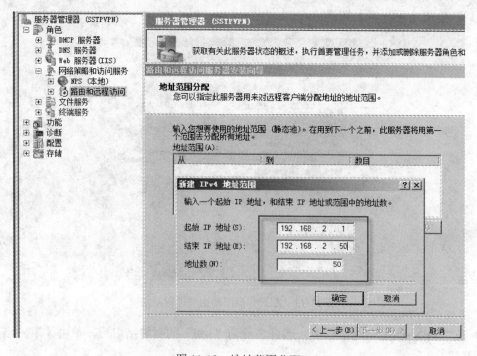

图 11-13　地址范围分配

⑦ 在"管理多个远程访问服务器"对话框中，由于没有内部的 RADIUS 服务器，此处选择"否，使用路由和远程访问来对连接请求进行身份验证"单选按钮，单击【下一步】按钮（见图 11-14）。

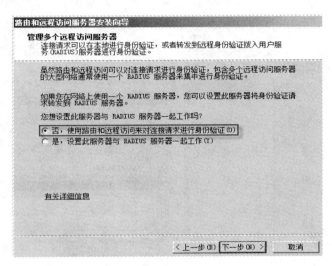

图 11-14　身份验证

⑧ 在"正在完成路由和远程访问服务器安装向导"界面中，单击【完成】按钮，并在弹出的消息对话框中单击【OK】按钮。

⑨ 完成配置后，展开角色选项，找到"端口"，并在左侧的列表中可以看到 SSTP 已创建（见图 11-15）。

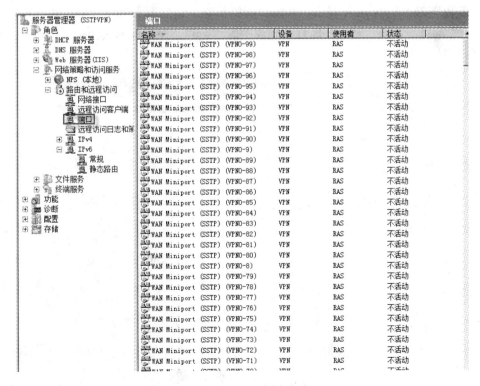

图 11-15　SSTP 创建成功

（5）配置 NAT 服务器以发布 CRL（证书吊销列表）

为了能使 SSL VPN 客户端下载到 CRL，就需要配置 NAT 服务器，以发布位于内部的 AD CA 服务器上的 CRL 来发现（标示为黄色部分）URL 为 WIN2K8dc.ctg.com（见图 11-16）。

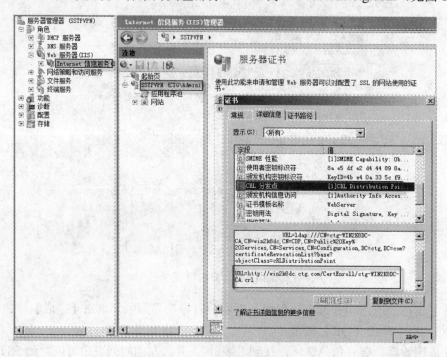

图 11-16　CRL 的 URL 地址

① 在 WIN2K8 VPN 服务器上，单击"网络策略和访问服务"→"路由和远程访问"→"IPv4"→"NAT"选项，右击"NAT"列表中的"wai"，在打开的快捷菜单中选择"属性"选项（见图 11-17）。

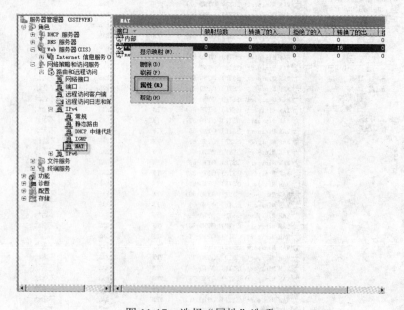

图 11-17　选择"属性"选项

② 在"wai 属性"对话框中，单击"服务和端口"选项卡，选中"Web 服务器（HTTP）"复选框（见图 11-18）后，弹出"编辑服务"对话框，在"专用地址"文本框中，填入内部的 AD CA 服务器的 IP 地址：192.168.1.253，单击【确定】按钮（见图 11-19）。

注意：需要在 SSL VPN 客户端的主机文件中添加上针对此次发布的 DNSA 记录项。

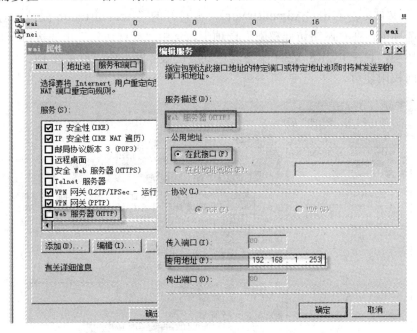

图 11-18　设置专用地址

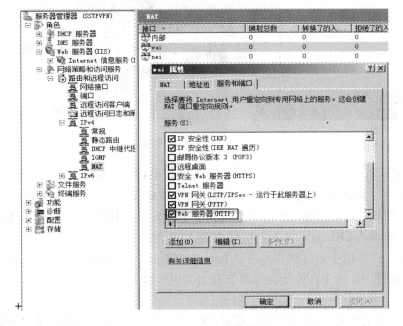

图 11-19　结束 wai 网卡属性设置

（6）在 DC 上配置拨入连接账号

在使用 VPN 技术时，都应当在 VPN 服务器创建用户账户，并赋予其拨入的权限。Windows

Server 2008 有所不同，用户账号属性中"拨入"的"网络访问权限"增加了一项"通过 NPS 网络策略控制访问"。通过网络策略来允许达到策略要求的拨入账户访问或有限访问特殊的网络。安全性上有很大的提升，管理上也更加方便。

在 DC 计算机中，选择"开始"→"管理工具"→"Active Directory 用户和计算机"，展开至"Users"文件夹，右击"Administrator"，在打开的"Administrator 属性"对话框中，单击"拨入"选项卡，在"网络访问权限"选项中，选中"允许访问"单选按钮（见图 11-20）。

由于域环境，且 WIN2K8 VPN 服务器是域成员服务器，所以只需在 DC 上允许一个账户具有拨入访问权限便可。

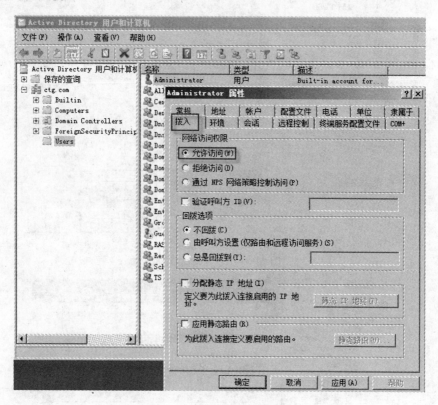

图 11-20　配置拨入连接账号

（7）在 AD CA 服务器上配置 IIS，以使其能通过 HTTP 连接至 CRL 目录。

使用安装向导安装证书服务 Web 站点时，会设置成需要 SSL 连接至 CRL 目录。从安全角度来讲则比较好，但是在连接至证书在线注册申请站点的 URL 并不使用 SSL，在接下来的操作之前，先要确认 CRL 目录并不需要使用 SSL 连接。

① 在 DC 计算机中进行操作，在"Internet 信息服务（IIS）管理器"窗口中，展开至"CertEnroll"文件夹，在中间控制面板下方双击"内容视图"（见图 11-21）（这些就是 CRL 目录的内容）。

② 单击"功能视图"，双击"SSL 设置"（见图 11-22），可以看到"要求 SSL"前面的复选框是灰色的，说明不需要 SSL 连接。

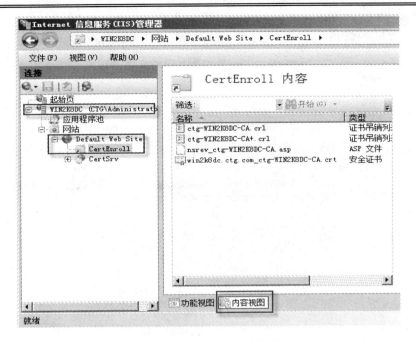

图 11-21　CertEnroll 内容视图

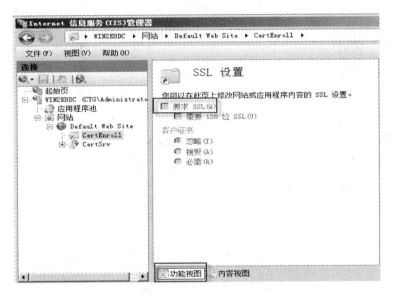

图 11-22　SSL 设置

（8）在 AD CA 服务器上配置 DNS。

在 DC 服务器中，选择"开始"→"管理工具"→"DNS"选项，打开"DNS 管理器"窗口（见图 11-23）。

（9）在 SSTP VPN 客户端（Vista）使用 PPTP 协议连接 SSTPVPN 服务器。

由于 SSTP VPN 客户端不是域成员，CA 证书不会自动安装在"受信任的根证书颁发机构"中。解决方法是新建一个 PPTP 连接至 SSTP VPN 服务器，然后通过 Web 的方式来下载一个 CA 证书。也可以先下载再直接传到这台计算机上。

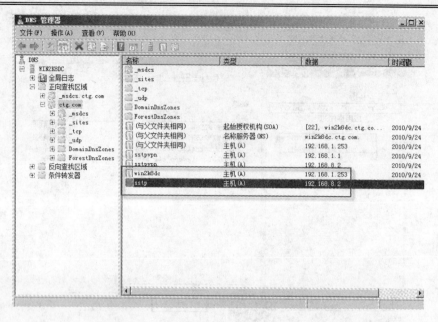

图 11-23　在 DC 服务器上设置 DNS

①　在 Vista 计算机中，单击"网络和共享中心"，在右侧的任务栏中选择"设置连接或网络"，在弹出的"选择一个连接选项"窗口中，选择"连接到工作区"，并在"你想如何连接"对话框中，选择"使用我的 Internet 连接至 VPN"，单击【下一步】按钮（现在设置 Internet 连接，若选择"稍后设置"，单击【下一步】按钮）（见图 11-24），在"键入要连接的 Internet 地址"中，输入图中所示内容。Internet 地址：192.168.8.2，目标名称：VPN 连接（也可随意填写），单击【下一步】按钮。

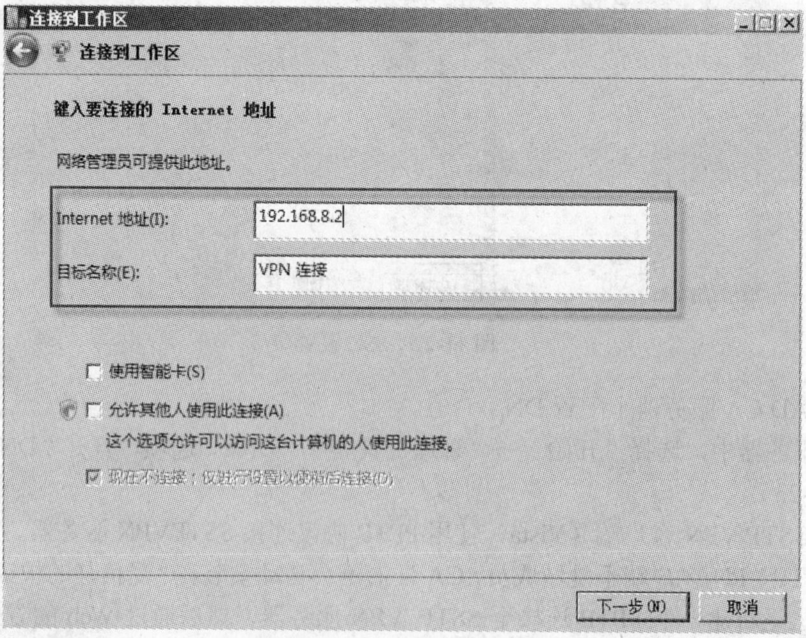

图 11-24　建立连接

② 在"键入您的用户名和密码"窗口中，输入用户名 Administrator 及密码（见图 11-25）。

图 11-25 输入用户名及密码

③ 单击【连接】按钮，如图 11-26 所示为连接后的屏幕截图，请注意图中的标示部分：PPTP。（建立连接后，Vista 计算机中的 IP 地址由 192.168.8.2 变成了 192.168.2.1 至 192.168.2.50 地址池中的地址）。

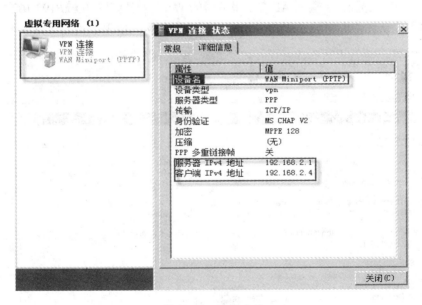

图 11-26 连接成功

④ 在命令行下也可以看到分配的 IP 地址，也即可以和内部网络的 DC 进行通信了（见图 11-27）。

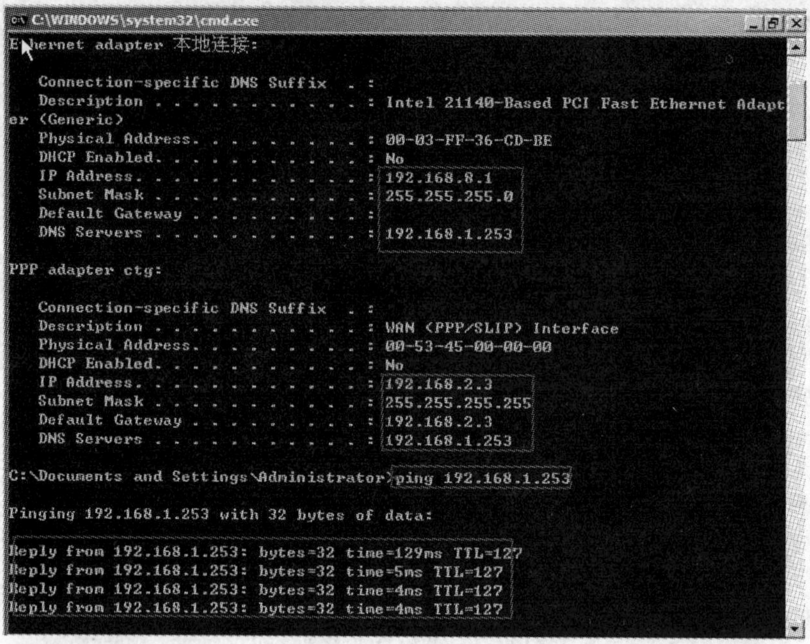

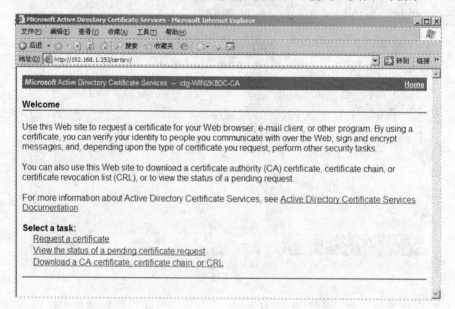

图 11-27　命令行查看连接

（10）在 SSTP VPN 客户端（Vista）从企业 CA 下载 CA 证书，并在客户端计算机上进行安装。

① 打开"IE 浏览器"，输入 AD CA 服务器的 Web 注册网址：http://192.168.1.253/certsrv，并在弹出的用户认证界面中输入用户名和密码，出现"欢迎使用"页面（见图 11-28）。

图 11-28　"欢迎使用"页面

② 单击"Download a CA Certificate，Certificate Chain，or CRL"（见图 11-29），选择允许并运行。

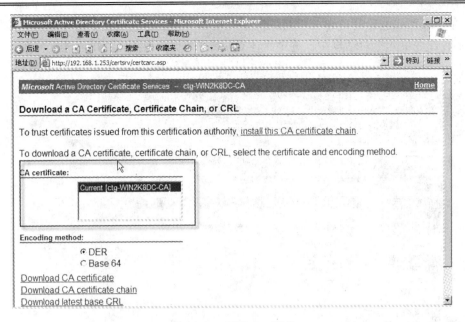

图 11-29 下载 CA 证书

③ 运行了"证书注册控制"后，就可以在图 11-30 中，单击"Download CA certificate"，保存 CA 证书至桌面上。

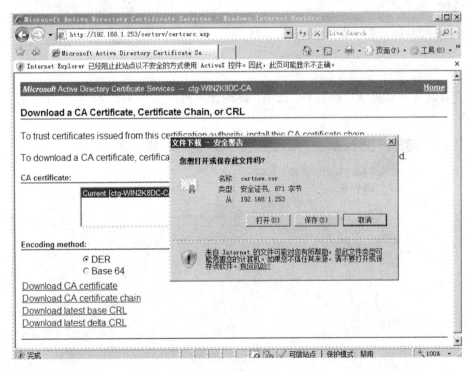

图 11-30 保存 CA 证书

④ 把下载的证书安装在"受信任的证书颁发机构"的证书存储中。在 SSTP VPN 客户端的计算机上，选择"开始"→"运行…"选项，在打开的"运行"文本框中，输入"mmc"，在控制台界面，选择"文件"→"添加或删除管理单元"选项。

⑤ 在"添加或删除管理单元"对话框中，找到"证书"选项，单击【添加】按钮，在弹出的"证书管理单元"对话框中，选中"计算机账户"[①]单选按钮，单击【下一步】按钮（见图 11-31）。

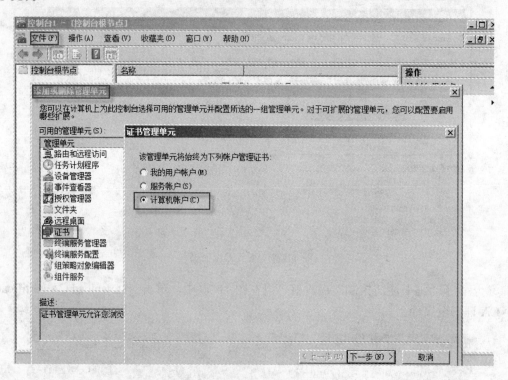

图 11-31　添加计算机账户

⑥ 在"选择计算机"对话框中，选中"本地计算机（运行这个控制台的计算机）"单选按钮（见图 11-32）。

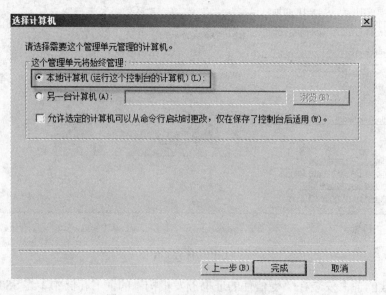

图 11-32　"选择计算机"对话框

---

① 系统界面为"计算机账户"。——编者注

⑦ 在"证书"控制台窗口中，选择"证书"→"受信任的根证书颁发机构"，右击"证书"选项，在打开的快捷菜单中选择 "导入"选项，导入证书（见图 11-33）。

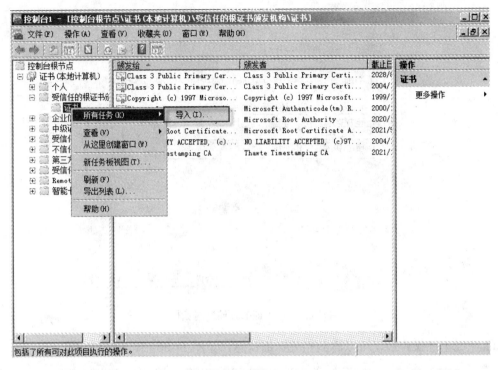

图 11-33 导入证书

⑨ 在"要导入的文件"对话框中，浏览之前保存的证书文件，单击【下一步】按钮（见图 11-34）。

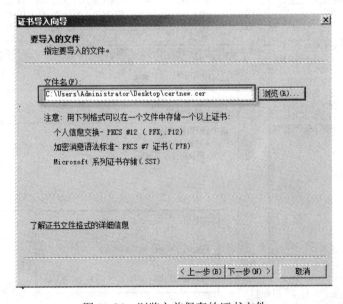

图 11-34 浏览之前保存的证书文件

⑩ 在"证书存储"对话框中，选中"将所有的证书放入下列存储"单选按钮，并确保证书存储下面的对话框为"受信任的根证书颁发机构"，单击【下一步】按钮（见图 11-35）。

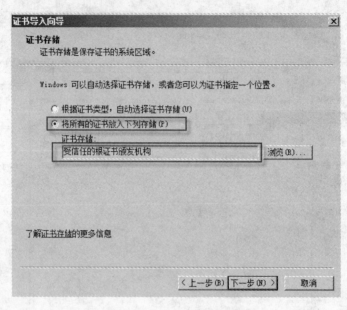

图 11-35　"证书存储"对话框

⑪ 完成上述操作后，可以看到相关详细信息（见图 11-36）。

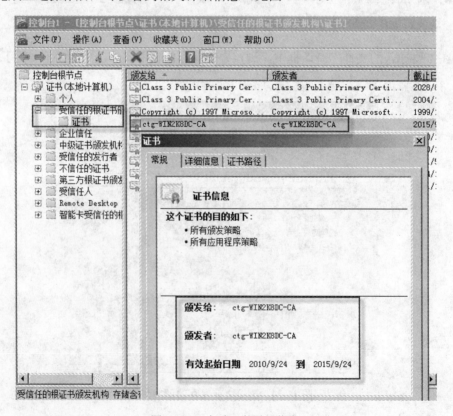

图 11-36　查看证书详细信息

（11）配置 SSTP VPN 客户端（Vista），使用 SSTP 技术连接 SSTP VPN 服务器。

① 进行 VPN 拨号连接设置时，断开之前的 PPTP VPN 连接。右击 "SSTP VPN 连接" 在打开的快捷菜单中选择 "属性" 选项，打开属性对话框，选择 "网络" 选项卡。在 "VPN 类型" 下拉列表框中选定 "安全套接字隧道协议（SSTP）"（见图 11-37）。

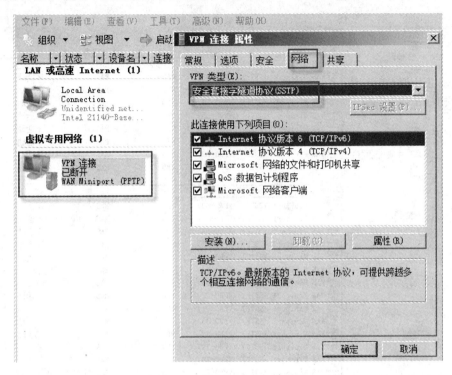

图 11-37　设置 SSTP VPN 连接

② 再次进行拨号连接，如图 11-38 所示为连接后的状态，SSTP 已经被使用。

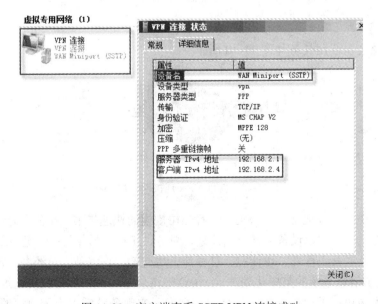

图 11-38　客户端查看 SSTP VPN 连接成功

③ 在 WIN2K8 VPN 服务器看到如图 11-39 所示界面，说明使用的是 SSTP 技术来进行的 VPN 连接。

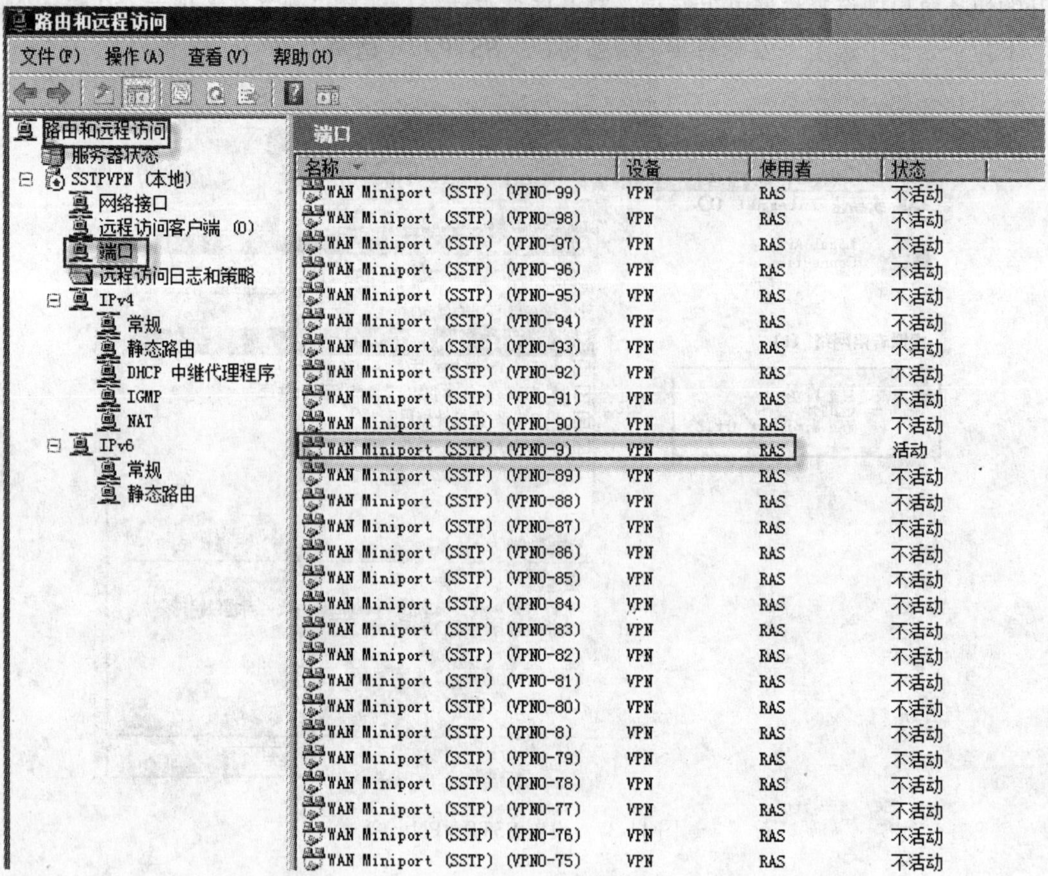

图 11-39　SSTP VPV 服务器上查看 SSTP VPN 连接成功

【应用场景】

分公司与总公司联网任务如图 11-40 所示。

图 11-40　使用 VPN 连接两个局域网

某工程公司在全国各地都有分公司，随着公司规模的快速扩展，在公司总部应用上了各类应用系统。作为工程公司，设备、材料、计划、财务、工程、质量等分别建立了计算机设计和管理系统，分别设置有工程部、设计室、财务部、质检部、物资部、总经办等部门进行归口管理，在总部实现了信息系统的集中化处理。公司希望将总公司和各个分公司通过网络连接起来，使得数据操作人员可以随时连接和操作公司数据库，实现各种应用系统数据的传递和整合。

任务 2：配置网络访问保护

【项目任务】

配置 DHCP NAP 强制方式进行网络访问保护。

【技术要点】

NAP 是主动防御技术的一种，目前只支持 Windows Server 2008，Vista 和 XP SP3。采用 NAP 的机制管理员可以根据企业的安全策略及设置，定义客户端访问网络的条件，确定该客户端是具有完全的网络访问权限还是具有受限的网络访问权限，以及是否通过修正使不符合的客户端变得符合。

NAP 结构（见图 11-41）：

◈ NAP 管理服务器协调所有系统健康检验器的输出并确定 NAP 强制服务器组件是否应该基于配置的健康策略要求限制客户端的访问。

◈ SHA（系统安全代理）声明客户端系统的健康状态。

◈ SHV（系统健康验证器）验证 SHA 提交的健康状况是否足够符合所需的健康状况。

◈ HCS（系统健康状况服务器）定义客户端上系统组件的状况，要求健康证书服务器是注册机构和 CA 的组合。

◈ RS（修补服务器）为不符合健康状态的客户端安装必要的补丁配置和应用程序，并使客户端成为健康状态。

◈ EC 与网络访问设备协调访问。

◈ 网络访问设备提供对健康断电的网络访问。

◈ 健康注册机构向通过健康检查的客户端颁发证书。

◈ 隔离代理报告客户端的健康状态，以及 SHA 和 EC 之间的协作。

◈ 隔离服务器 QS 根据 SHV 验证的情况限制客户端的网络访问。

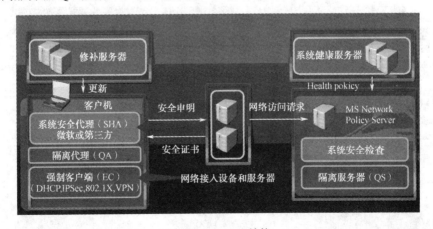

图 11-41　NAP 结构

【任务实现】

图 11-42 所示为 NAP 网络拓扑。

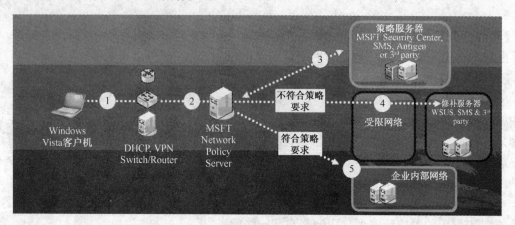

图 11-42 NAP 网络拓扑

1. 安装 AD DS、DHCP、NPS 服务器

（1）安装 AD DS 服务器。

选择"开始"→"运行…"选项，在打开的"运行"文本框中输入"dcpromo"，安装过程见项目 9。

（2）安装 DHCP。

① 在服务器管理器窗口中，选择"角色"→"添加角色"选项，在打开的"服务器角色"对话框中，选中"DHCP 服务器"复选框，单击【下一步】按钮（见图 11-43）。

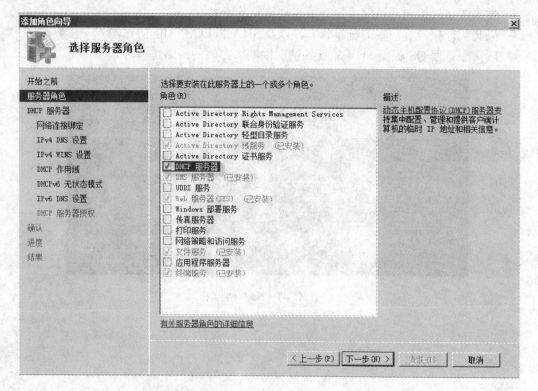

图 11-43 选中"DHCP 服务器"复选框

② 根据向导提示，单击【下一步】按钮，打开"网络连接绑定"对话框，选择 DHCP 服务器 IP 地址单击【下一步】按钮（见图 11-44）。

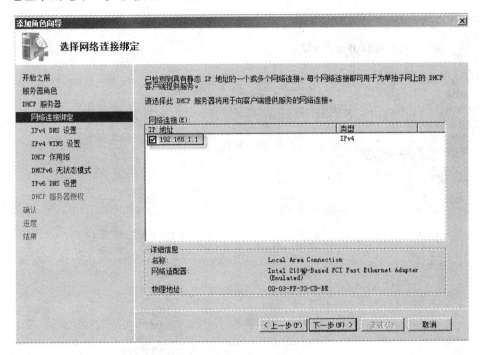

图 11-44 安装 DHCP

③ 在"IPv4 DNS 设置"对话框中，指定 IPv4 DNS 服务器设置，单击【下一步】按钮（见图 11-45）。

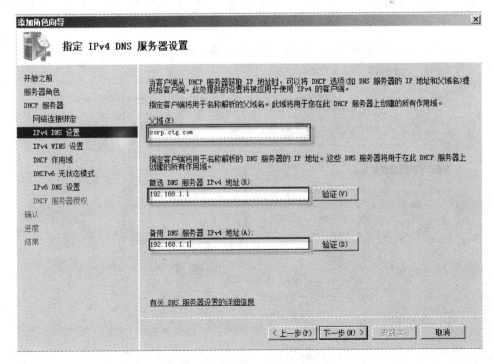

图 11-45 指定 IPv4 DNS 服务器设置

④ 打开"IPv4 WINS 设置"对话框，指定 IPv4 WINS 服务器设置，单击【下一步】按钮（见图 11-46）。

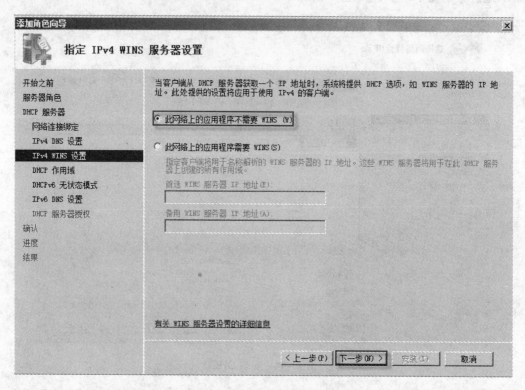

图 11-46　指定 IPv4 WINS 服务器设置

⑤ 在"DHCP 作用域"对话框中，添加或编辑 DHCP 作用域，单击【下一步】按钮（见图 11-47）。

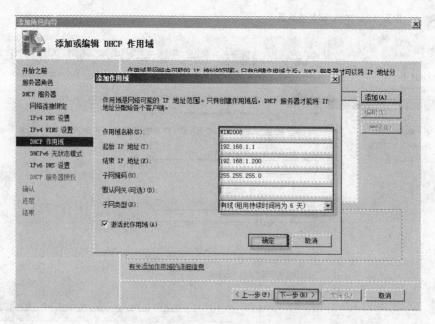

图 11-47　添加或编辑 DHCP 作用域

⑥ 在打开的"DHCPv6 无状态模式"对话框中，配置 DHCPv6 无状态模式，此处选中"对此服务器禁用 DHCPv6 无状态模式"单选按钮，单击【下一步】按钮（见图 11-48）。

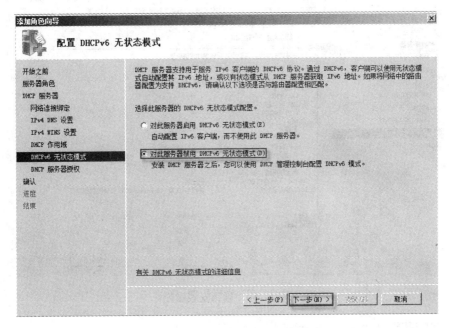

图 11-48 配置 DHCPv6 无状态模式

⑦ 在"DHCP 服务器授权"对话框中，选中"使用当前凭据"单选按钮，使用当前凭据授权 DHCP 服务器。单击【下一步】按钮（见图 11-49）。

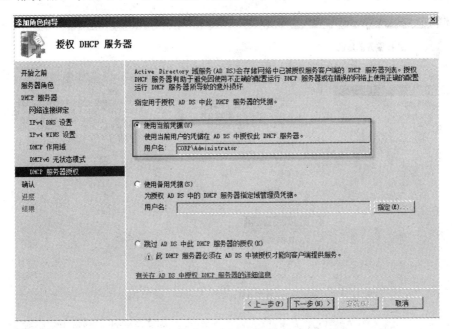

图 11-49 添加角色向导

⑧ 在打开的"确认"对话框中，确认安装选择，单击【安装】按钮（见图 11-50）。

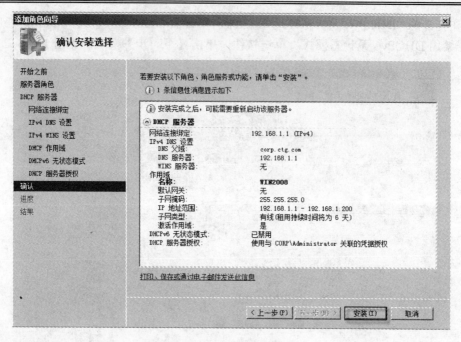

图 11-50　确认安装选择

（3）安装 NPS。

在服务器管理器窗口中单击"添加角色"，在"服务器角色"对话框中，选中"网络策略和访问服务"复选框（见图 11-51），根据向导提示，一步步进行安装，分别如图 11-52 和图 11-53所示，完成 NPS 安装。

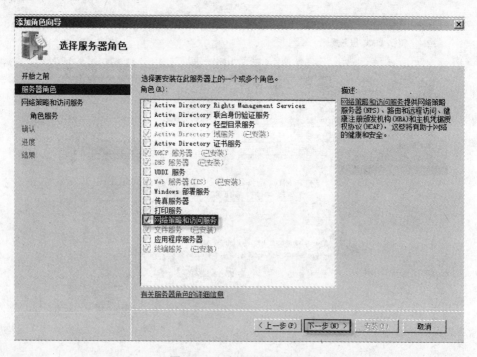

图 11-51　选择服务器角色

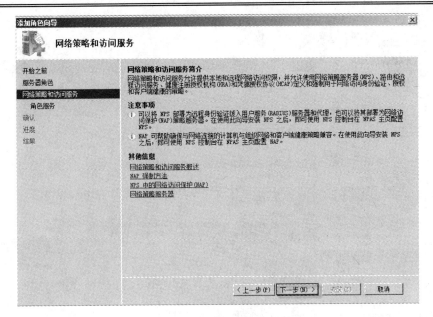

图 11-52 网络策略和访问服务

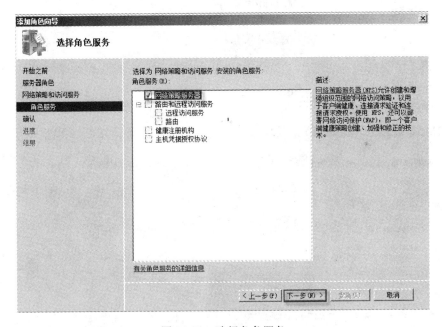

图 11-53 选择角色服务

2. 配置 NAP

（1）配置系统健康验证。

在服务器管理器窗口中，单击"网络策略和访问服务"→"网络访问保护"→"系统健康验证器"，在"系统健康验证器"对话框中，右击"Windows 安全健康验证程序"选项，在打开的快捷菜单中选择"属性"选项，打开"Windows 安全健康验证程序 属性"对话框，单击【配置】按钮（见图 11-54）。在打开的"Windows 安全健康验证程序"对话框中选中"已启用自动更新"复选框（见图 11-55）。

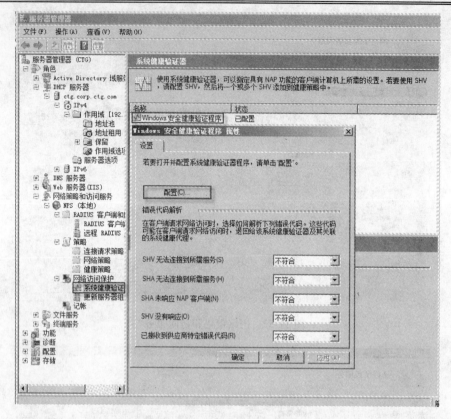

图 11-54　配置系统健康验证

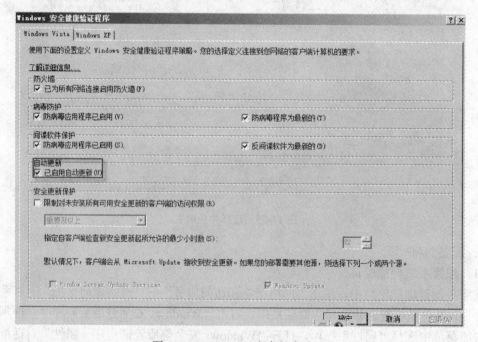

图 11-55　Windows 安全健康验证

（2）使用 NAP 向导配置 NPS。

① 在图 11-56 中，单击 "NPS（本地）" 选项，配置 NAP。

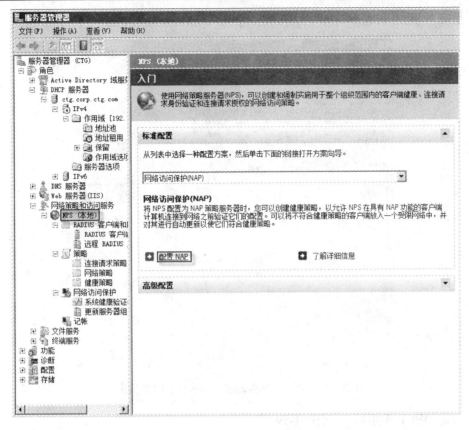

图 11-56　配置网络访问保护

② 在打开的"配置 NAP"对话框中，配置动态主机配置协议，单击【下一步】按钮（见图 11-57）。

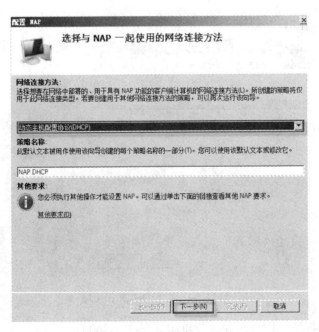

图 11-57　选择动态主机配置协议

③ 指定 NAP 强制服务器运行 DHCP 服务器（见图 11-58）。

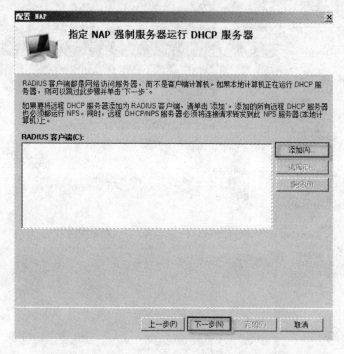

图 11-58　指定 NAP 强制服务器运行 DHCP 服务器

④ 指定 DHCP 作用域（见图 11-59）。

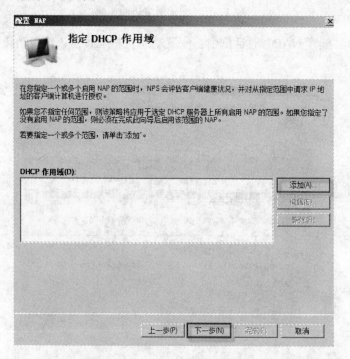

图 11-59　指定 DHCP 作用域

⑤ 配置允许或拒绝的用户组和计算机组（见图 11-60）。

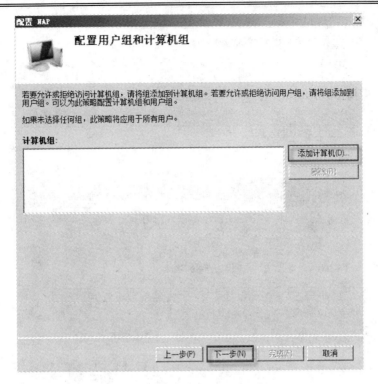

图 11-60　配置用户组和计算机组

⑥ 指定 NAP 更新服务器组和 URL（见图 11-61）。

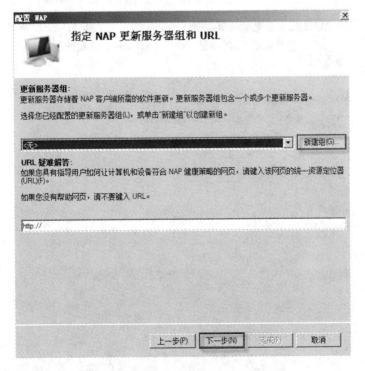

图 11-61　指定 NAP 更新服务器组和 URL

⑦ 定义 NAP 健康策略（见图 11-62）。

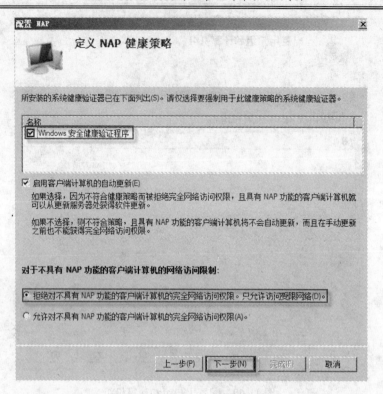

图 11-62　定义 NAP 健康策略

⑧ 完成 NAP 增强策略和 RADIUS 客户配置（见图 11-63）。

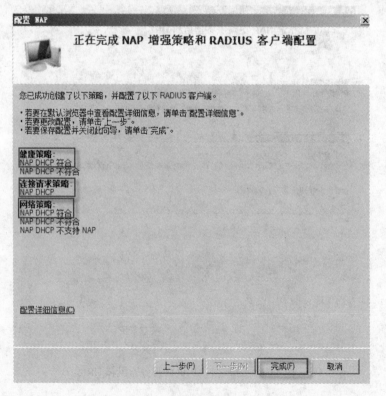

图 11-63　NAP 配置完成

（3）在 DHCP 服务器上配置 DHCP。

① 选择"开始"→"管理工具"→"DHCP"→"IPv4"选项，在的"IPv4 属性"对话框中，单击"网络访问保护"选项卡，再单击【对所有作用域启用】按钮（见图 11-64）。

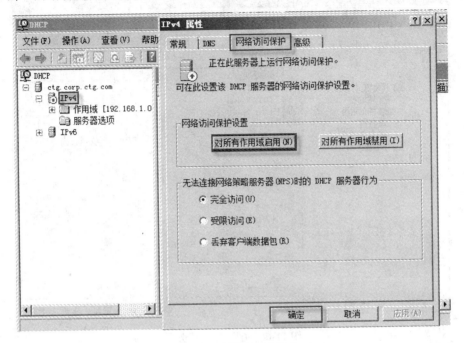

图 11-64 配置 IPv4 属性

② 在图 11-64 所示窗口中，右击"作用域"选项，在打开的快捷菜单中，选择"属性"选项，打开作用域属性对话框，单击"网络访问保护"选项卡，进行网络访问保护设置（见图 11-65）。

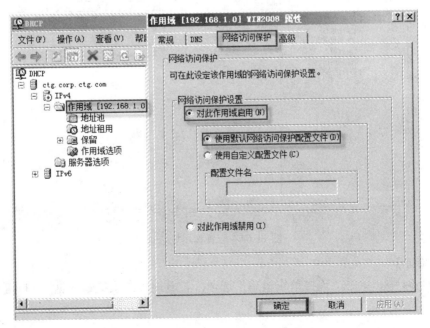

图 11-65 配置作用域属性

③ 在图 11-65 中，右击"作用域选项"，在打开的快捷菜单中选择"属性"选项，打开"作用域　选项"对话框，单击"高级"选项卡，配置作用域（见图 11-66 和图 11-67）。

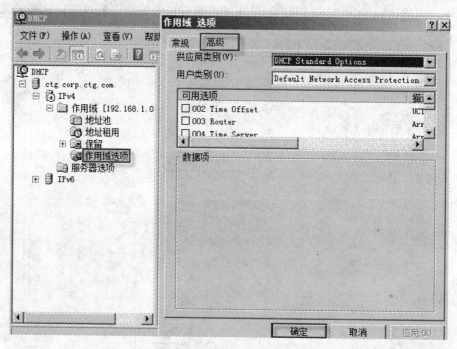

图 11-66　配置作用域选项

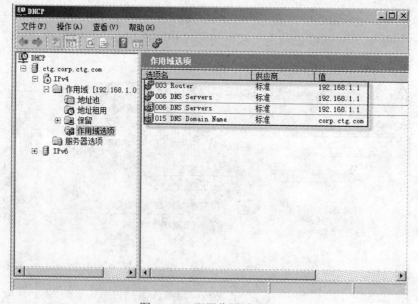

图 11-67　配置作用域选项

【测试验证】

在图 11-54 中，单击"连接请求策略"选项，查看连接请求策略（见图 11-68）。

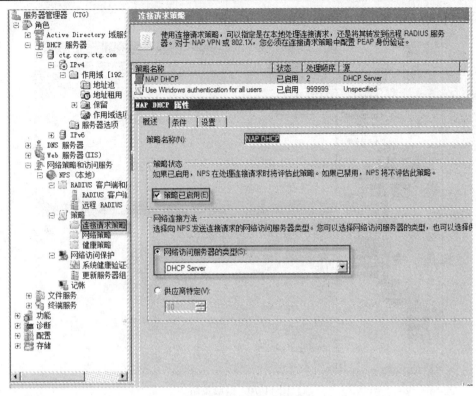

图 11-68　连接请求策略

单击"网络策略"选项，查看网络策略（见图 11-69）。

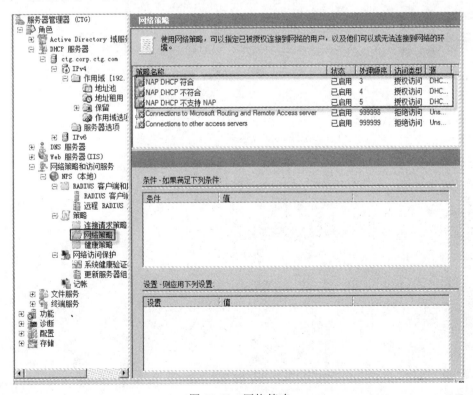

图 11-69　网络策略

单击"健康策略"选项，查看健康策略（见图11-70）。

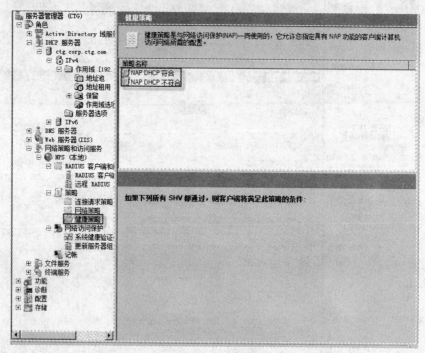

图 11-70　健康策略

项目 12　安装与配置 Hyper-V

【项目情景】

　　CTG 集团公司服务器系统升级到 Windows Server 2008，为了发挥服务器最大性能，该企业运用了虚拟化技术，可以减少企业的总体成本，极大地提升服务器的利用率。如果企业以 2∶1 的比例应用虚拟化技术进行服务器整合，将服务器的数量减少一半，那么所节省的能耗和成本将是个不可思议的数字。每月的能源支出账单只能反映出节能方面，而设备采购的账单则能实实在在反映出硬件设备所节省出的成本，降低硬件成本实际上就意味着减少机器维护和更换，系统管理员负责实施。

任务：安装与配置 Hyper-V

【项目任务】

安装配置 Hyper-V。

【技术要点】

1．虚拟化技术

　　在整个 IT 产业中，虚拟化已经成为关键词，从桌面系统到服务器、从存储系统到网络，虚拟化所能涉及的领域越来越广泛。虚拟化并不是很新潮的技术，如 x86 虚拟化的历史就可以追溯到 20 世纪 90 年代，而 IBM 虚拟化技术已经有 40 年的历史。虚拟化的初衷是为了解决"一种应用占用一台服务器"模式所带来的服务器数量剧增，导致数据中心越来越复杂，管理难度增加，并且导致能耗和热量的巨大增长等问题。

　　如今虚拟化技术已经得到了飞速的发展，主要的操作系统厂商和独立软件开发商都提供了虚拟化解决方案，同时，硬件上的支持使虚拟化执行效率大大提高，自 2006 年诞生第一颗支持虚拟化技术的处理器以来，目前在 x86 构架中绝大多数处理器都开始支持虚拟化技术。

　　虚拟化技术可以定义为将一个计算机资源从另一个计算机资源中剥离的一种技术。在没有虚拟化技术情况下，一台计算机只能同时运行一个操作系统，即使可以在一台计算机上安装两个甚至多个操作系统，但是同时运行的操作系统只有一个；而通过虚拟化可以在同一台计算机上同时启动多个操作系统，每个操作系统上可以有许多不同的应用，多个应用之间互不干扰。

　　在数据机房，一般服务器的利用率很低，有时一台服务器只运行着一个很小的应用，平均利用率不足 10%。通过虚拟化，可以在这台服务器上安装多个实例，从而充分利用现有的服务器资源，可以实现服务器的整合，减少数据中心的规模，解决令人头疼的数据中心能耗及散热问题，并且节省费用投入。

2．Hyper-V

　　Hyper-V 是微软的一款虚拟化产品，是微软第一个采用类似 Vmware 和 Citrix 开源 Xen 一样的基于 hypervisor 的技术。

　　Hyper-V 设计的目的是为用户提供更为熟悉，以及成本效益更高的虚拟化基础设施软件，这样可以降低运作成本、提高硬件利用率、优化基础设施并提高服务器的可用性。Hyper-V 采用微内核的架构，兼顾了安全性和性能的要求。Hyper-V 底层的 Hypervisor 运行在最高的特权级别下，微软将其称为 ring -1（而 Intel 则将其称为 root mode），而虚拟机的 OS 内核和驱动运行在 ring 0，应用程序运行在 ring 3 下，这种架构就不需要采用复杂的 BT（二进制特权指令翻译）技术，可以进一步提高安全性。

高效率的 VMbus 架构，由于 Hyper-V 底层的 Hypervisor 代码量很小，不包含任何第三方的驱动，非常精简，安全性更高。Hyper-V 采用基于 VMbus 的高速内存总线架构，来自虚拟机的硬件请求（显卡、鼠标、磁盘、网络），可以直接经过 VSC，通过 VMbus 总线发送到根分区的 VSP，VSP 调用对应的设备驱动，直接访问硬件，中间不需要 Hypervisor 的帮助。每个虚拟机最多可以支持 4 个虚拟 CPU，每个虚拟机最多可以使用 64GB 内存，而且还可以支持 X64 操作系统。

完美支持 Linux 系统 ，Hyper-V 可以很好地支持 Linux，这样 Linux 就可以知道自己运行在 Hyper-V 之上，还可以安装专门为 Linux 设计的 Integrated Components，里面包含磁盘和网络适配器的 VMbus 驱动，这样 Linux 虚拟机也能获得高性能。

从架构上讲，Hyper-V 只有"硬件-Hyper-V-虚拟机"三层，本身非常小巧，代码简单，且不包含任何第三方驱动，所以安全可靠、执行效率高，能充分利用硬件资源，使虚拟机系统性能更接近真实系统性能。

【任务实现】

1. 安装 Hyper-V

（1）打开"开始"→"管理工具"→"服务器管理器"选项（见图 12-1）。

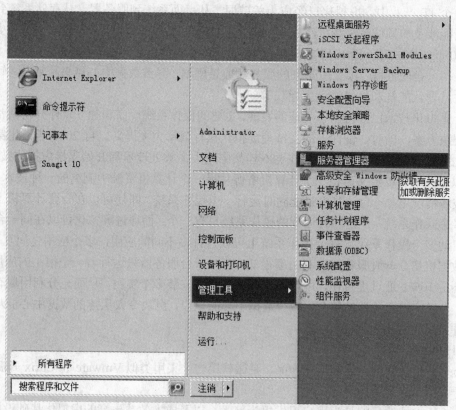

图 12-1　打开服务器管理器

（2）在"服务器管理器"窗口中，右击"角色"选项，接着在打开的快捷菜单中，选择"添

加角色"选项（见图 12-2），在弹出的添加角色向导中单击【下一步】按钮，

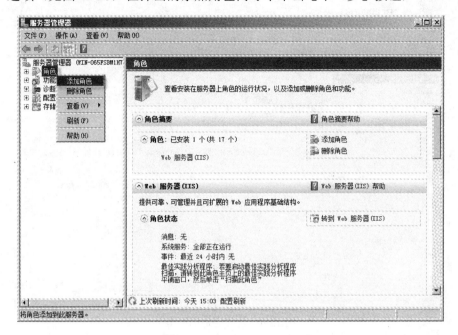

图 12-2　打开添加角色

（3）在"服务器角色"对话框中，选择服务角色，选中"Hyper-V"复选框，单击【下一步】按钮（见图 12-3）。

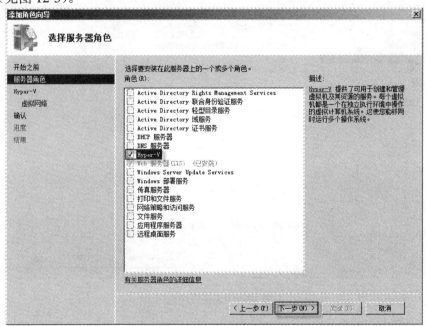

图 12-3　选择服务角色

（4）打开"虚拟网络"对话框，在网络适配器中选择合适的网卡，单击【下一步】按钮（见图 12-4）。

（5）在打开的"确认"对话框中，确认安装选项，单击【安装】按钮（见图 12-5）。

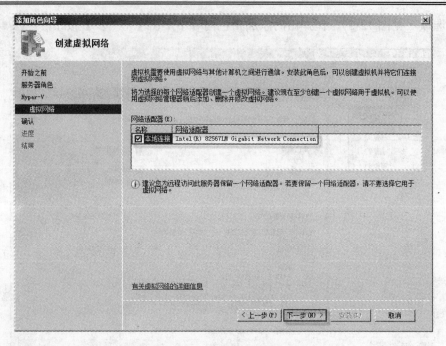

图 12-4　选择合适的网卡

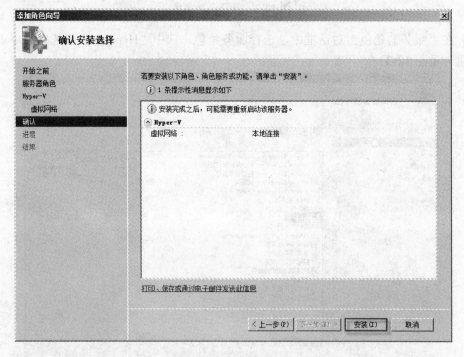

图 12-5　确认安装选项

（6）在"结果"对话框中，查看安装结果，单击【关闭】按钮（见图 12-6），计算机需要重新启动完成后，才能完成安装（见图 12-7），重启之后进入最后安装，至此 Hyper-V 就已经顺利安装成功。

2．配置 Hyper-V

（1）打开 Hyper-V 管理器，单击"开始"→"管理工具"→"Hyper-V 管理器"（见图 12-8）。

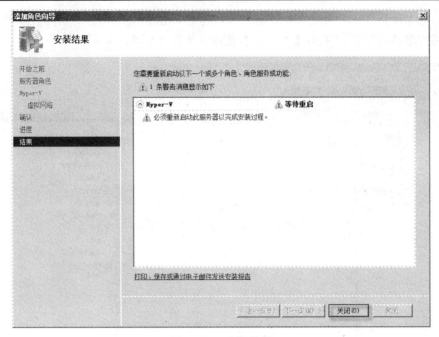

图 12-6　安装结果

图 12-7　重新启动

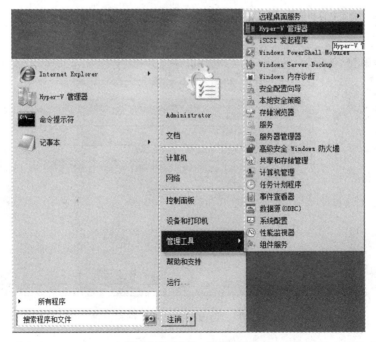

图 12-8　Hyper-V 管理器

（2）选择"操作"→"新建"→"虚拟机"选项（见图12-9），在"新建虚拟机向导"中，为虚拟机指定名称和位置，单击【下一步】按钮（见图12-10）。

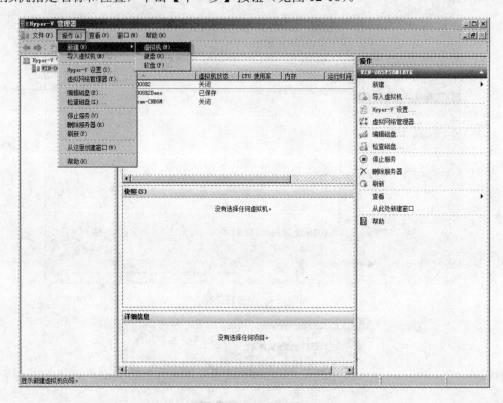

图12-9　新建虚拟机

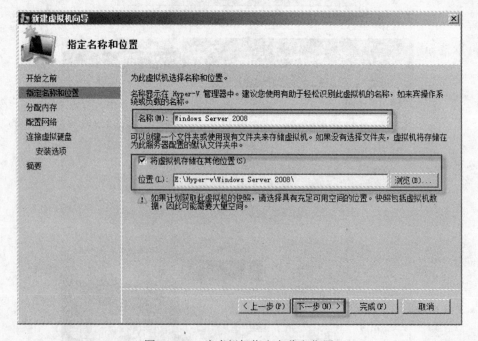

图12-10　为虚拟机指定名称和位置

（3）在打开的"分配内存"对话框中，分配内存大小后单击【下一步】按钮（见图12-11），

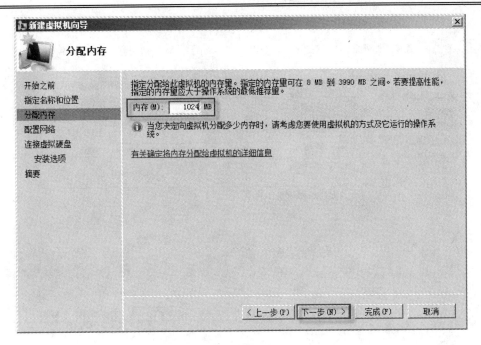

图 12-11　为虚拟机分配内存大小

（4）在"配置网络"对话框中，选择连接网络，单击【下一步】按钮（见图 12-12），

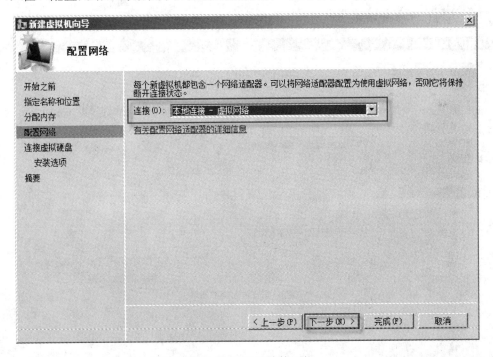

图 12-12　选择连接网络

（5）在"连接虚拟硬盘"对话框中，选中"创建虚拟硬盘"单选按钮，单击【下一步】按钮（见图 12-13），

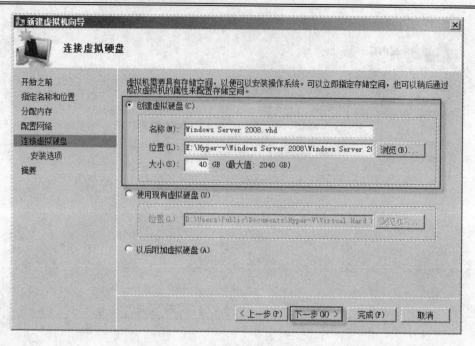

图 12-13 连接虚拟硬盘

（6）在"安装选项"对话框中，选中"以后安装操作系统"单选按钮（见图 12-14），单击【下一步】按钮，完成新建虚拟机向导（见图 12-15）。

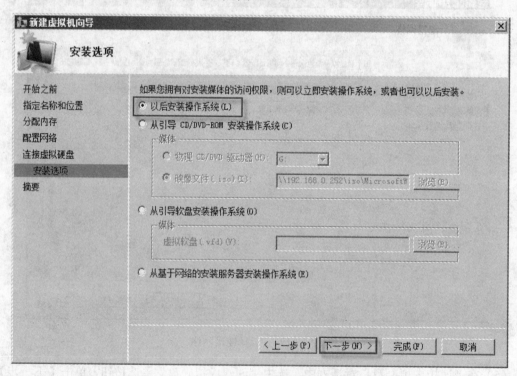

图 12-14 选中"以后安装操作系统"单选按钮

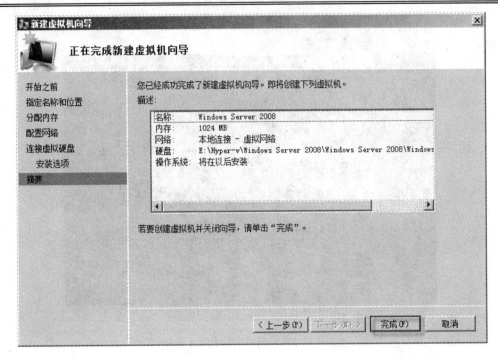

图 12-15　完成新建虚拟机向导

3. 在虚拟机中安装操作系统

（1）启动虚拟机，双击已创建的虚拟机（见图 12-16）。

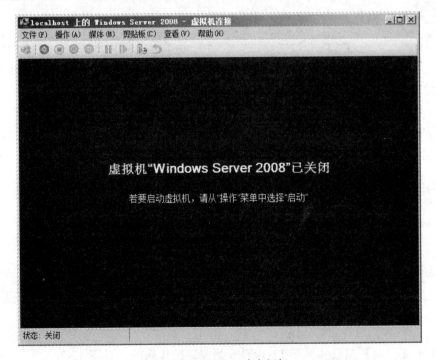

图 12-16　打开已建虚拟机

（2）单击"媒体"→"DVD 驱动器"→"插入磁盘"选项（见图 12-17），

图 12-17　插入操作系统光盘

（3）在打开的对话框中，选择操作系统 ISO 映像文件，单击【打开】按钮（见图 12-18）。

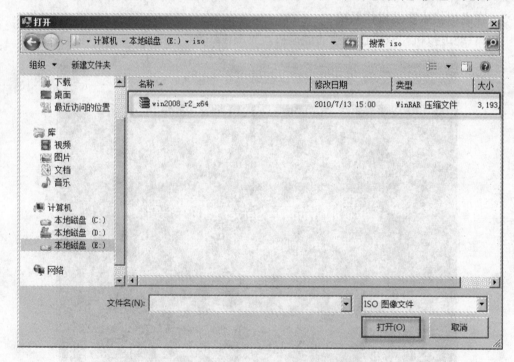

图 12-18　选择操作系统 ISO 映像文件

（4）单击【启动】按钮（见图 12-19）开始安装操作系统（见图 12-20）。

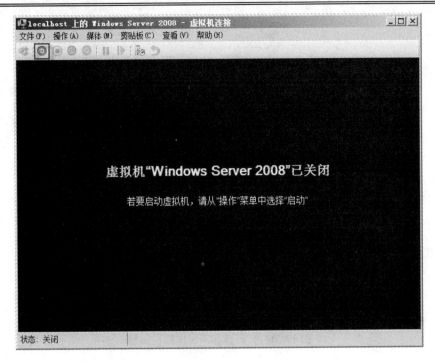

图 12-19　启动虚拟机

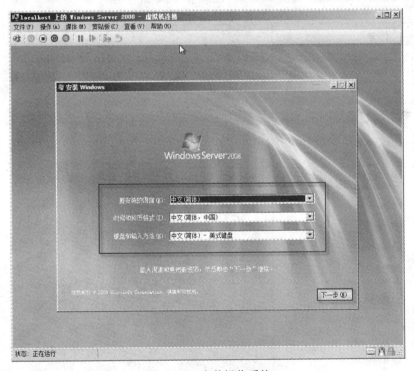

图 12-20　安装操作系统

4．设置虚拟机属性

若要更改虚拟机属性，单击"属性"选项，在弹出的属性对话框中更改相应的属性（见图 12-21 和图 12-22），实现快照功能，单击"快照"选项卡（见图 12-21），查看已建的快照（见图 12-23）。

图 12-21　打开操作系统虚拟机属性

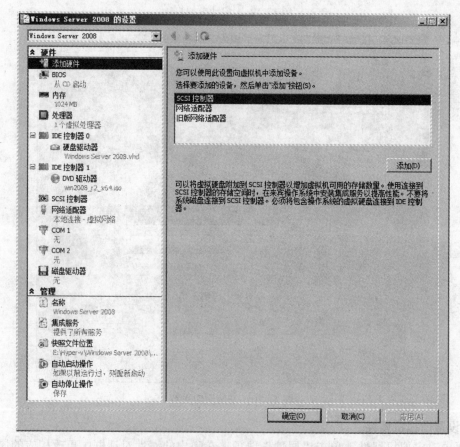

图 12-22　设置操作系统虚拟机属性

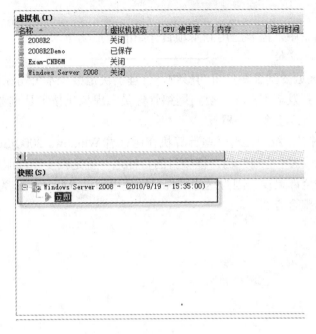

图 12-23　查看虚拟机快照

5. 设置 Hyper-V 属性

更改 Hyper-V 属性，单击 "Hyper-V 属性" 选项卡（见图 12-21），在弹出的属性对话框中更改相应的属性（见图 12-24）。

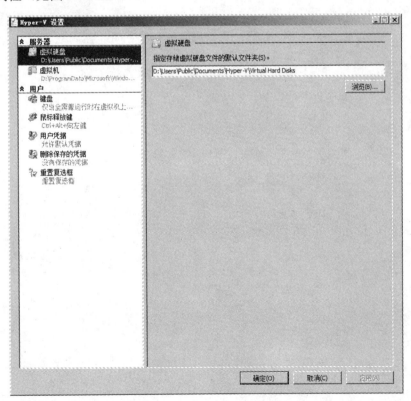

图 12-24　设置 Hyper-V 属性

【应用场景】

在下列的应用场景中，需要应用到本项目介绍的虚拟化技术。

应用场景 1：节省成本

CTG 集团公司最近受到金融危机的影响，管理层决定减少本公司在服务器上的开支，节省下来的资金将用于开发应用，作为公司网络管理员，虚拟化技术是重考虑的解决方案。

应用场景 2：整合、迁移服务器

CTG 集团公司网络系统中还有一些计算机在运行着 Windows 2000 Server。管理层决定迁移到 Windows Server 2008 基础架构，该项目的目标之一就是减少物理服务器的数量，并让原先使用的服务器硬件全部退役，因为这些硬件已经使用超过 5 年了。作为 CTG 公司网络管理员，需要规划服务器整合方案。

附录 A   长科集团网络服务器项目需求

A.1   公司简介

长科集团（Changsha Technology Group，CTG）是一个跨行业、跨地区经营的大型多元化全球企业集团，涉足机械制造、文化传播、房地产等多个产业，公司总部在北京，国内在长沙、上海各有 1 家子公司，此外在美国有 1 家子公司。近些年来，随着行业大变革、大挑战、大发展进入关键时期，CTG 正稳步推进战略联盟、集团化扩张，实施企业价值链重构，不断提升经营资源能力，实现跨越式发展。在这个过程中，CTG 将信息化作为企业战略发展的重要支持手段，并上升到 CTG 的核心竞争力之一。顺应信息化发展潮流，构建更为全面完善的现代化信息服务体系已经刻不容缓。

目前 CTG 的 IT 架构主要由集团 IT 中心全面负责，包括 IT 架构的规划、部署、日常管理和维护、系统安全管理。公司现有服务器为 20 台，终端用户数量由集团成立时的 200 台增加到现有的 3000 台，其中子公司均为 200 台终端设备，随着公司业务的不断增长、规模的不断扩大，各种问题日益复杂化和凸显，CTG IT 中心迫切需要建立统一的基础管理架构，降低运营成本，逐渐由粗放式管理方式向安全的标准化管理过渡。

A.2   安装、部署和升级 Windows Server 2008

CTG 公司总部需要新增两台服务器，需要安装 Windows Server 2008 企业版平台，作为活动目录服务的域控制器，CTG 3 个分公司各有一台服务器（Windows Server 2003 企业版），需要升级到 Windows Server 2008 企业版平台，作为分公司的只读域控制器（RODC）。CTG 网络架构如图 A-1 所示。

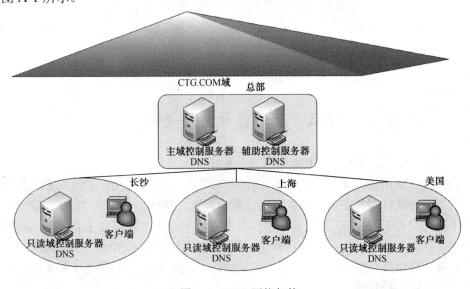

图 A-1   CTG 网络架构

A.3　配置网络连接属性

1. DNS

域名解析服务 DNS 服务是网络访问的基础，更是实现 Windows 活动目录服务的前提。它的故障将导致全网的访问功能中断，而它被篡改更会导致网络欺诈等严重安全故障。

CTG 公司在承载活动目录服务的主域控制器和辅助域控制器上承载 DNS 域名解析服务，实现 DNS 冗余，要求只允许经过身份验证的用户与计算机才能在 DNS 中注册信息，同时在 3 个分公司的只读域控器上安装 DNS，并保持 DNS 记录区域信息保持更新，通过"条件转发"功能配置解决子公司同时需要解析内网、总部网络和 Internet 的域名的需求。

2. DHCP

长科集团公司需要在主域控制服务器上配置 DHCP 服务功能，为集团总部局域网中内部用户的终端计算机自动分配 IP 地址。DHCP 服务图如图 A-2 所示。

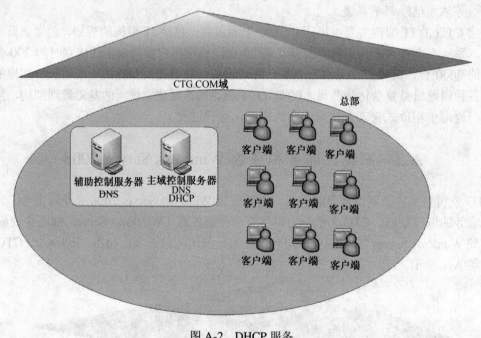

图 A-2　DHCP 服务

A.4　活动目录与组策略

CTG 终端管理困境（CTG 域架构如图 A-3 所示）：

集团公司内部使用的终端系统工作在工作组模式下，内部普通用户对终端系统拥有管理权限，导致员工可随意拆卸和安装软件，更改计算机设置，集团公司总部 IT 部门缺乏有效的监控和管理手段，使得 IT 员工陷入大量日常性、重复性的工作中，提高了企业 IT 运营成本。

公司诸多应用系统缺乏统一的账户体系，员工在不同应用账户中有不同的账户和密码，员工需要记忆很多应用账户系统账号，增加了工作的复杂度，信息中心需要维护多份账户密码系统，也带来一定的安全风险。

目标：规划和部署基于 Windows Server 2008 的活动目录 AD 架构体系，集中管理账户和客户机。

范围：CTG 公司总部及各分公司所有的软硬件系统，包括服务器、终端计算机、打印机等。

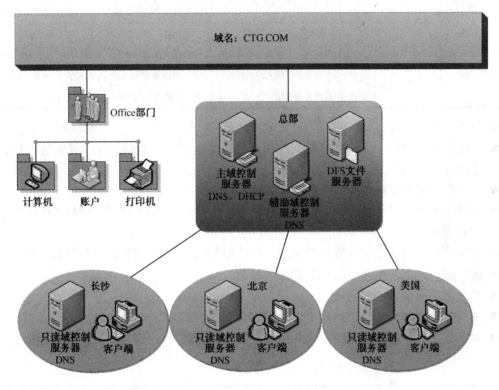

图 A-3 CTG 域架构

需求分析与规划：

● 采用单一域结构，依据公司现有组织架构设置相对应的 OU，企业每个员工只分配一个域账号。

● 子公司使用只读域控制器，为子公司员工提供本地的身份验证，使得子公司用户无须通过互联网接入总部进行身份验证，避免由于互联网延时或者中断造成的用户无法登录的问题。

● 密码策略使用多元密码策略，针对单一域中的不同级别的用户应用不同的密码限制策略和账户锁定策略。

如（见表 A-1）：

表 A-1

组 策 略	内 容	普通员工	管 理 层	IT 管理账户
密码设置	强制密码历史	1	4	8
	用户最短密码	6	8	12
	密码必须符合复杂性需求	N	Y	Y

组　策　略	内　　　容	普　通　员　工	管　理　层	IT 管理账户
账户锁定策略		用户登录失败 5 次后，系统自动锁定 30 分钟	用户登录失败 5 次后，系统自动锁定，需要联系 IT 管理员手动解锁账号	用户登录失败 3 次后，系统自动锁定，需要联系 IT 管理员手动解锁账号
		同时用户离开计算机 10 分钟后，系统自动锁屏，用户必须重新输入密码后，才能够登录系统	同时用户离开计算机 3 分钟后，系统自动锁屏，用户必须重新输入密码后，才能够登录系统	同时用户离开计算机 1 分钟后，系统自动锁屏，用户必须重新输入密码后，才能够登录系统

- 设置统一的桌面环境，实现企业文化宣传策略，如桌面背景、屏幕保护。
- 回收终端客户机上所有本地账户，用户只能通过域账户登录系统，设置统一紧急维护本地账号。
- 在终端系统的开机过程中，弹出公司企业精神文宣。
- 根据集团公司需求灵活禁用移动存储设备，如企业研发部门设备禁用 USB 与光驱等移动存储设备。
- 企业员工只能从指定计算机登录域，严格限制用户从多台计算机登录域环境。
- 统一用户、用户组和计算机名的命名规范。
- 禁止用户修改本地 IP 地址。
- 通过软件限制策略禁止用户使用非标准化软件。
- 根据集团公司需求灵活定义企业员工权限（见表 A-2）。

表 A-2

企业员工	本地 User 用户权限
企业管理层	本地 PowerUser 用户权限

A.5　终端服务

CTG 信息中心采用终端服务技术，为企业员工提供慢速连接下远程应用程序服务，可以直接将特定应用程序部署到网络中的客户端。RemoteApp 程序不需要像以前一样传输整个远程桌面，它们看起来就像运行在最终用户的本地计算机上一样。用户可以像使用本地程序一样使用 RemoteApp 程序。终端服务的 RemoteApp 这种访问并不会在网络上传送大量数据，而只会将终端服务上的用户图像，以及图像的差别通过网络发送给客户端，而实际的运算仍然在终端服务器，如图 A-4 所示。

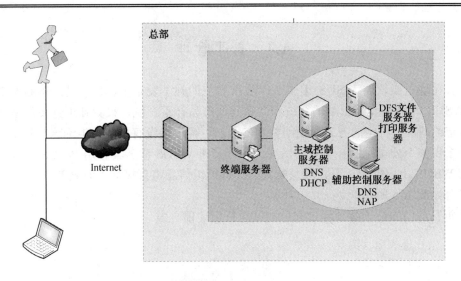

图 A-4　CTG 需要将 Office 2007 通过 RemoteApp 方式发布到客户端

A.6　文件和打印服务

CTG 通过使用微软的分布式文件系统（DFS）构建安全、易管理的共享存储平台，在实现数据有效交换的同时，保证数据的安全性。

● 每个域用户登录系统后，系统自动提供三种共享目录：行级共享目录、部门级共享目录及个人共享目录。不同用户对不同共享目录具有不同访问权限，如表 A-3 所示。

表 A-3

文件夹规划	员工
个人文件夹	完全控制权限
部门文件夹	本部门内文件夹添加，修改权限
公司共享文件夹	查看，使用权限

● 制定不可读及不可见的访问原则，公司共享文件夹中显示的是该用户有权限查看的其他部门或用户的共享资源，没有授权的共享文件夹对该用户为不可见。

● 制定基于分区、文件夹的盘额限制规则，限制用户存储到公司文件服务器的文件类型、文件大小。

● 在组策略中将公司共享文件夹、部门级共享目录、个人共享目录，映射到本地用户账户的网络驱动盘符，使得用户可以快捷访问所需文件。

● 针对公司分布式文件系统中的重要文件信息的修改记录应开启日志审核功能，记录一定时期内用户对资料的操作记录，降低安全风险。

CTG 通过在 Windows Server 2008 服务器上安装打印管理服务，在 AD 中统一发布共享的打印机并分配到对应的部门 OU，并通过部门 OU 的组策略部署打印机驱动到使用的客户端。如当财务部门计算机加入域以后，财务部门打印机将自动添加到系统打印设备中。

A.7　补丁管理

集团公司通过微软的 WSUS 集成 AD 实现智能的补丁发布平台，通过组策略设定客户机自动从 WSUS 下载和安装批准的系统和微软其他产品补丁。统一设置补丁分发策略，把补丁包依照特定的时间、特定的方式分发给特定的人员，客户端没有权限去拒绝这些补丁包。设计报表定期报告整个公司机器补丁更新情况。各分公司 WSUS 服务器使用 WSUS 副本模式，在集团总部 WSUS 上审批的更新，以及配置的计算机组信息将直接被下游服务器继承。CGT 补丁发布平台如图 A-5 所示。

技术研发部门的补丁必须经过充分测试运行后才能分发。

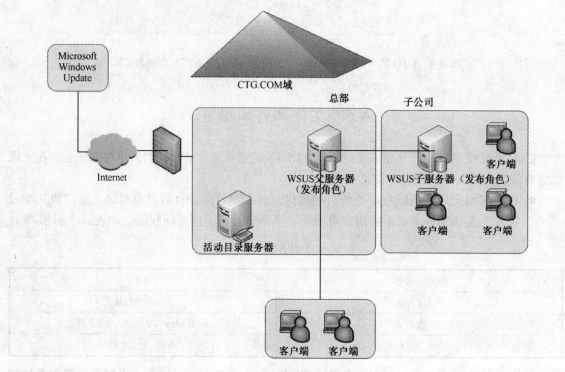

图 A-5　CGT 补丁发布平台

A.8　网络访问保护

CTG 计划在总部部署网络访问保护功能（NAP），从而确保访问重要资源的计算机能够满足一定条件的客户端健康标准。如果计算机不满足健康策略指标，NAP 会强制限制其对网络资源的访问。

集团公司计划采用 DHCP NAP 强制方式进行网络访问保护，未通过安全健康检查的终端客户机可以访问预定义的"更新服务器"进行软件更新和反病毒软件升级，从而达到健康检查指标。

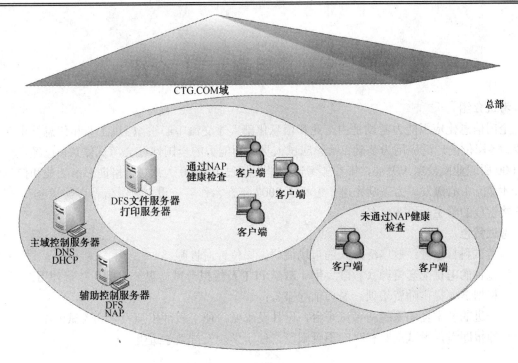

图 A-6　CTG NAP 布署

A.9　IIS Web 服务

CTG 计划将集团电子商务管理平台迁移到新的 Windows Server 2008 IIS7.0 平台。利用 IIS 7.0 将信息传送到后端应用程序服务器，简化管理，提高性能。

A.10　备份与恢复

CTG 计划将在域控制器和文件服务器上使用 Windows Server Backup 功能，对系统信息、关键业务数据及文档信息进行相应的备份。制订备份计划，定期将数据恢复到指定位置上进行测试。

备份计划	备份时间	备份方式	保存时间
月计划	每月月底一次	完全备份	永久
周计划	每周一	差异备份	1 个月
日计划	每周二到周五	增量备份	1 个月

全国信息化应用能力考试介绍

考试介绍

全国信息化应用能力考试是由工业和信息化部人才交流中心组织、以工业和信息技术在各行业、各岗位的广泛应用为基础，检验应试人员应用能力的全国性社会考试体系，已经在全国近 1000 所职业院校组织开展，年参加考试的学生超过 100000 人次，合格证书由工业和信息化部人才交流中心颁发。为鼓励先进，中心于 2007 年在合作院校设立"国信教育奖学金"，获得该项奖学金的学生超过 300 名。

考试特色

* 考试科目设置经过广泛深入的市场调研，岗位针对性强；
* 完善的考试配套资源（教学大纲、教学 PPT 及模拟考试光盘）供师生免费使用；
* 根据需要提供师资培训、考前辅导服务；
* 先进的教学辅助系统和考试平台，硬件要求低，便于教师模拟教学和考试的组织；
* 即报即考，考试次数和时间不受限制，便于学校安排教学进度。

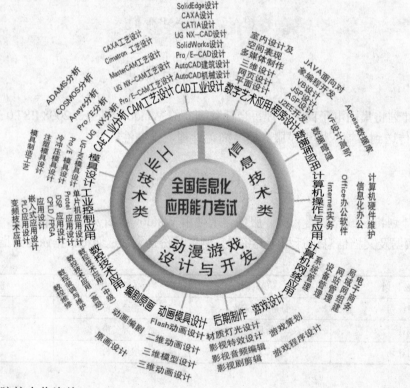

欢迎广大院校合作咨询

工业和信息化部人才交流中心教育培训处

电话：010-88252032 转 850/828/865

E-mail：ncae@ncie.gov.cn

官方网站：www.ncie.gov.cn/ncae